下一步是什么
What's Next

[美] 麦克斯·布罗克曼 编　王文浩 译

Max Brockman

U0339393

湖南科学技术出版社

图书在版编目（CIP）数据

下一步是什么 /（美）麦克斯·布罗克曼编；王文浩译 . — 长沙：湖南科学技术出版社，
2018.1（2023.3重印）（第一推动丛书 . 综合系列）
ISBN 978-7-5357-9437-6

Ⅰ.①下… Ⅱ.①麦… ②王… Ⅲ.①自然科学—普及读物 Ⅳ.① N49

中国版本图书馆 CIP 数据核字（2017）第 210768 号

What's Next
Copyright © 2009 by Max Brockman
All Rights Reserved

湖南科学技术出版社通过美国布罗克曼公司获得本书中文简体版中国大陆独家出版发行权
著作权合同登记号 18-2010-002

XIAYIBU SHI SHENME
下一步是什么

编者
[美] 麦克斯·布罗克曼

译者
王文浩

出版人
潘晓山

责任编辑
吴炜 孙桂均 杨波

装帧设计
邵年 李叶 李星霖 赵宛青

出版发行
湖南科学技术出版社

社址
长沙市芙蓉中路一段 416 号
泊富国际金融中心
http://www.hnstp.com

湖南科学技术出版社
天猫旗舰店网址
http://hnkjcbs.tmall.com

邮购联系
本社直销科 0731-84375808

印刷
长沙超峰印刷有限公司

厂址
宁乡县金州新区泉洲北路 100 号

邮编
410600

版次
2018 年 1 月第 1 版

印次
2023 年 3 月第 7 次印刷

开本
880mm×1230mm 1/32

印张
6.75

字数
140 千字

书号
ISBN 978-7-5357-9437-6

定价
29.00 元

总序

《第一推动丛书》编委会

　　科学，特别是自然科学，最重要的目标之一，就是追寻科学本身的原动力，或曰追寻其第一推动。同时，科学的这种追求精神本身，又成为社会发展和人类进步的一种最基本的推动。

　　科学总是寻求发现和了解客观世界的新现象，研究和掌握新规律，总是在不懈地追求真理。科学是认真的、严谨的、实事求是的，同时，科学又是创造的。科学的最基本态度之一就是疑问，科学的最基本精神之一就是批判。

　　的确，科学活动，特别是自然科学活动，比起其他的人类活动来，其最基本特征就是不断进步。哪怕在其他方面倒退的时候，科学却总是进步着，即使是缓慢而艰难的进步。这表明，自然科学活动中包含着人类的最进步因素。

　　正是在这个意义上，科学堪称为人类进步的"第一推动"。

　　科学教育，特别是自然科学的教育，是提高人们素质的重要因素，是现代教育的一个核心。科学教育不仅使人获得生活和工作所需的知识和技能，更重要的是使人获得科学思想、科学精神、科学态度以及科学方法的熏陶和培养，使人获得非生物本能的智慧，获得非与生俱来的灵魂。可以这样说，没有科学的"教育"，只是培养信仰，而不是教育。没有受过科学教育的人，只能称为受过训练，而非受过教育。

　　正是在这个意义上，科学堪称为使人进化为现代人的"第一推动"。

近百年来，无数仁人志士意识到，强国富民再造中国离不开科学技术，他们为摆脱愚昧与无知做了艰苦卓绝的奋斗。中国的科学先贤们代代相传，不遗余力地为中国的进步献身于科学启蒙运动，以图完成国人的强国梦。然而可以说，这个目标远未达到。今日的中国需要新的科学启蒙，需要现代科学教育。只有全社会的人具备较高的科学素质，以科学的精神和思想、科学的态度和方法作为探讨和解决各类问题的共同基础和出发点，社会才能更好地向前发展和进步。因此，中国的进步离不开科学，是毋庸置疑的。

正是在这个意义上，似乎可以说，科学已被公认是中国进步所必不可少的推动。

然而，这并不意味着，科学的精神也同样地被公认和接受。虽然，科学已渗透到社会的各个领域和层面，科学的价值和地位也更高了，但是，毋庸讳言，在一定的范围内或某些特定时候，人们只是承认"科学是有用的"，只停留在对科学所带来的结果的接受和承认，而不是对科学的原动力 —— 科学的精神的接受和承认。此种现象的存在也是不能忽视的。

科学的精神之一，是它自身就是自身的"第一推动"。也就是说，科学活动在原则上不隶属于服务于神学，不隶属于服务于儒学，科学活动在原则上也不隶属于服务于任何哲学。科学是超越宗教差别的，超越民族差别的，超越党派差别的，超越文化和地域差别的，科学是普适的、独立的，它自身就是自身的主宰。

　　湖南科学技术出版社精选了一批关于科学思想和科学精神的世界名著，请有关学者译成中文出版，其目的就是为了传播科学精神和科学思想，特别是自然科学的精神和思想，从而起到倡导科学精神，推动科技发展，对全民进行新的科学启蒙和科学教育的作用，为中国的进步做一点推动。丛书定名为"第一推动"，当然并非说其中每一册都是第一推动，但是可以肯定，蕴含在每一册中的科学的内容、观点、思想和精神，都会使你或多或少地更接近第一推动，或多或少地发现自身如何成为自身的主宰。

再版序
一个坠落苹果的两面：
极端智慧与极致想象

龚曙光
2017年9月8日凌晨于抱朴庐

连我们自己也很惊讶，《第一推动丛书》已经出了25年。

或许，因为全神贯注于每一本书的编辑和出版细节，反倒忽视了这套丛书的出版历程，忽视了自己头上的黑发渐染霜雪，忽视了团队编辑的老退新替，忽视好些早年的读者，已经成长为多个领域的栋梁。

对于一套丛书的出版而言，25年的确是一段不短的历程；对于科学研究的进程而言，四分之一个世纪更是一部跨越式的历史。古人"洞中方七日，世上已千秋"的时间感，用来形容人类科学探求的速律，倒也恰当和准确。回头看看我们逐年出版的这些科普著作，许多当年的假设已经被证实，也有一些结论被证伪；许多当年的理论已经被孵化，也有一些发明被淘汰……

无论这些著作阐释的学科和学说，属于以上所说的哪种状况，都本质地呈现了科学探索的旨趣与真相：科学永远是一个求真的过程，所谓的真理，都只是这一过程中的阶段性成果。论证被想象讪笑，结论被假设挑衅，人类以其最优越的物种秉赋——智慧，让锐利无比的理性之刃，和绚烂无比的想象之花相克相生，相否相成。在形形色色的生活中，似乎没有哪一个领域如同科学探索一样，既是一次次伟大的理性历险，又是一次次极致的感性审美。科学家们穷其毕生所奉献的，不仅仅是我们无法发现的科学结论，还是我们无法展开的绚丽想象。在我们难以感知的极小与极大世界中，没有他们记历这些伟大历险和极致审美的科普著作，我们不但永远无法洞悉我们赖以生存世界的各种奥秘，无法领略我们难以抵达世界的各种美丽，更无法认知人类在找到真理和遭遇美景时的心路历程。在这个意义上，科普是人类极端智慧和极致审美的结晶，是物种独有的精神文本，是人类任何其他创造 —— 神学、哲学、文学和艺术无法替代的文明载体。

在神学家给出"我是谁"的结论后，整个人类，不仅仅是科学家，包括庸常生活中的我们，都企图突破宗教教义的铁窗，自由探求世界的本质。于是，时间、物质和本源，成为了人类共同的终极探寻之地，成为了人类突破慵懒、挣脱琐碎、拒绝因袭的历险之旅。这一旅程中，引领着我们艰难而快乐前行的，是那一代又一代最伟大的科学家。他们是极端的智者和极致的幻想家，是真理的先知和审美的天使。

我曾有幸采访《时间简史》的作者史蒂芬·霍金，他痛苦地斜躺在轮椅上，用特制的语音器和我交谈。聆听着由他按击出的极其单调的金属般的音符，我确信，那个只留下萎缩的躯干和游丝一般生命气息的智者就是先知，就是上帝遣派给人类的孤独使者。倘若不是亲眼所见，你根本无法相信，那些深奥到极致而又浅白到极致，简练到极致而又美丽到极致的天书，竟是他蜷缩在轮椅上，用唯一能够动弹的手指，一个语音一个语音按击出来的。如果不是为了引导人类，你想象不出他人生此行还能有其他的目的。

无怪《时间简史》如此畅销！自出版始，每年都在中文图书的畅销榜上。其实何止《时间简史》，霍金的其他著作，《第一推动丛书》所遴选的其他作者著作，25年来都在热销。据此我们相信，这些著作不仅属于某一代人，甚至不仅属于20世纪。只要人类仍在为时间、物质乃至本源的命题所困扰，只要人类仍在为求真与审美的本能所驱动，丛书中的著作，便是永不过时的启蒙读本，永不熄灭的引领之光。

虽然著作中的某些假说会被否定，某些理论会被超越，但科学家们探求真理的精神，思考宇宙的智慧，感悟时空的审美，必将与日月同辉，成为人类进化中永不腐朽的历史界碑。

因而在25年这一时间节点上，我们合集再版这套丛书，便不只是为了纪念出版行为本身，更多的则是为了彰显这些著作的不朽，为了向新的时代和新的读者告白：21世纪不仅需要科学的功利，而且需要科学的审美。

当然，我们深知，并非所有的发现都为人类带来福祉，并非所有的创造都为世界带来安宁。在科学仍在为政治集团和经济集团所利用，甚至垄断的时代，初衷与结果悖反、无辜与有罪并存的科学公案屡见不鲜。对于科学可能带来的负能量，只能由了解科技的公民用群体的意愿抑制和抵消：选择推进人类进化的科学方向，选择造福人类生存的科学发现，是每个现代公民对自己，也是对物种应当肩负的一份责任、应该表达的一种诉求！在这一理解上，我们将科普阅读不仅视为一种个人爱好，而且视为一种公共使命！

牛顿站在苹果树下，在苹果坠落的那一刹那，他的顿悟一定不只包含了对于地心引力的推断，而且包含了对于苹果与地球、地球与行星、行星与未知宇宙奇妙关系的想象。我相信，那不仅仅是一次枯燥之极的理性推演，而且是一次瑰丽之极的感性审美……

如果说，求真与审美，是这套丛书难以评估的价值，那么，极端的智慧与极致的想象，则是这套丛书无法穷尽的魅力！

献给我的父母

序言

麦克斯·布罗克曼
纽约
2009 年 1 月

　　我们大多数人从长期的经验中学到，与下一代进行思想上的接触，深入了解我们当今时代的问题以及未来社会将要面对的问题，这在社会各个领域都是非常重要的。在科学领域，这项工作尤为有价值，因为很多重要的发现都是该领域初出茅庐的年轻人做出的。编辑这本简明文集的初衷就是想一睹当今这些耀眼的青年科学家在做什么、想什么。

　　这里专载的18位青年科学家所从事的研究各不相同，但所涉问题将会对我们的生活 —— 甚至对我们如何看待自己以及我们如何看待我们在宇宙中的位置 —— 产生长期和深远的影响。他们的思想最终将有助于重新确立我们是谁，我们是什么。

　　为了形成这份名单，我走访了当今一些领袖级科学家，请他们提供各自学科领域的新星：这些人在各自的研究中正处于解决和提出科学上一些最棘手问题的前沿。这份名单可以说是未来一代科学家名录的精华版。

我要求每一位入选者就其自身的研究领域撰写所面临的问题。他们的文章特别新颖，因为这些作者里多数人很少有时间或机会为广大的非专业读者写东西。这个名单里有：

• 戴维·伊戈尔曼，贝勒医学院知觉与行为实验室主任，从事大脑如何感知时间的分析；

• 卡捷琳娜·哈尔瓦蒂，马克斯·普朗克进化人类学研究所的古人类学家，研究原始人类在过去遭到灭绝的证据，以及它对我们自己这个物种在未来的意义；

• 马修·利伯曼，加州大学洛杉矶分校的心理学副教授，研究是否我们的大脑的生理结构使得我们更有可能形成并坚持某些思想；

• 肖恩·卡罗尔，加州理工学院物理学方面的高级研究助理，讨论为什么我们仍不知道我们这个宇宙的起源以及时间的方向；

• 劳伦斯·史密斯，加州大学洛杉矶分校地理系教授兼系副主任，地球与空间科学系教授，他认为气候变化可能导致陆地上迅速形成新的经济上活跃的北部地缘带；

• 莱拉·博罗迪茨基，斯坦福大学心理学、神经科学和符号系统系助理教授，研究我们的语言如何影响我们的思维方式；

• 萨姆·库克，麻省理工学院神经科学博士后助教，研究我们何时以及如何能够操纵自己的记忆——以及我们是否应该这么做。

　　这些年轻研究人员的工作热情以及对科学的热爱是显而易见的。他们对新思想的大胆探索，对现有知识边界的突破性尝试令人振奋。我希望《下一步是什么》这本书会给读者在思考面对未来我们该做些什么样的准备方面提供一个指导性的开端。

目录

第1章
我们将撤往北缘地区？

◎ 劳伦斯·史密斯

劳伦斯·史密斯（Laurence C. Smith）

1996年在康奈尔大学获得地球与大气科学博士学位，目前是加州大学洛杉矶分校地理系教授兼系副主任，地球与空间科学系教授。他已在包括《科学》和《自然》等杂志上发表50多篇研究论文。2006年，他向美国国会介绍了北半球气候变化的可能影响；2007年，他的工作出现在联合国政府间气候变化问题研究小组（IPCC）第四次评估报告的显要位置。

史密斯关于北半球气候变化的工作得到古根海姆基金会、美国国家科学基金会和美国航空航天局的资助。他获得的荣誉包括美国航空航天局青年科学家奖（2000年），美国航空航天局总统奖（2002年），并从洛克菲勒基金会得到享用Bellagio官邸的荣誉（2007）。

正如许多其他的文化变迁——经过长期积累，然后迅速爆发——那样，人类——包括美国的大多数人——最终承认全球变暖是真实的。

改变公众的观点并非易事。它是数以千计的科学家辛苦工作了30多年积累起来的成果。这些成果由联合国政府间气候变化问题研究小组（IPCC）以大型综合报告形式，分别于1990年、1995年、2001

年和2007年逐步传达给全世界，它们展示了科学上前所未有的组织水平。这些报告以无可辩驳的证据显示，一种新的人为的气候现在已呈压倒性优势。

对民意改变起关键作用的是一群热心的"第三文化"科学家——其中包括美国航空航天局戈达德空间研究所的詹姆斯·汉森、俄亥俄州立大学的朗尼·汤普森、宾夕法尼亚州立大学的理查德·阿利和科罗拉多大学的马克·塞雷兹——他们天才地抓住了最重要的发现，并通过图书、访谈、YouTube网站和《滚石》等大众杂志将其传递给公众。这些在扩大服务于公众方面的努力代表了科学文化的重大转变。在20世纪90年代中期我还是研究生的时候，我曾亲眼看到著名天文学家兼作家卡尔·萨根受到的、来自于他的同事对他在宣传科学工作方面的努力所表现出的广泛而又微妙的轻蔑。但是今天不同了，特别是在气候变化科学方面，向公众宣传已成为科学界同仁工作的一部分，并且受到同事的赞赏和效仿。

其他一些事件，主要是那些不可预见的事件，在转变公众观念方面也具有突出的作用。卡特里娜飓风带来的恐怖情形——不管这次飓风的成因如何——已通过电视和电脑屏幕让数以百万计的国民感到不安。戈尔在2000年竞选总统的失败使他能够抽身出来全力投身于环境保护事业，并在2006年投资拍摄了电影《难以忽视的真相》。为此，他与IPCC一起赢得了2007年度诺贝尔和平奖。2006年，沃尔玛做出的采用并大力推广绿色经营技术的决定已经得到数百万人的积极响应，其中很多人都是受到了戈尔电影的启发。在我的老家加州，共和党州长施瓦辛格宣称："气候争论已经结束"——不论是从科学的角度还是民意的角度。他说对了。

对于过去，我们可以列举出各种证据来证明环境形势的严峻性，但对于未来，这些证据还是那么具有说服力吗？争论（如果算的话）非常尖锐，但战线已推向敌方。像"这是真的吗？"和"是不是我们错了？"这类问题现在已经被替代为"会发生什么？""发生在哪里？""会有多快？"和"我们该做些什么？"等确定性问题。科学将我们带到了这些问题前，但我们的答案将远远超出科学的范畴。说它关系到21世纪人类生存的全球格局绝不是危言耸听。

因此，到底会发生什么？以下是我们目前所知道的：第一，气候变暖才刚刚开始。我们有90％的把握肯定：如果以目前或超过目前的速度继续排放温室气体，那么21世纪气候变化之剧烈将远远超过我们曾经历过的任何一个世纪。[1] 考虑到人口增长因素或到下个世纪的温室气体排放，按物理学基本原理可推知，地球的气候必将继续升温，到21世纪末全球将平均升高1.8℃～4.0℃（3.2℉～7.0℉），除非有些至今没有发现的非线性气候因素在起作用。[2] 气温到底会上升多高取决于我们向大气排放多少二氧化碳。这里，较低的值是IPCC的乐观估计，即假设全球人口稳定并且采用清洁能源技术。较高的值是基于对化石燃料的依赖有增无减的估计。

这些温度变化听上去似乎并不大，但实际情形并非如此。即使是

---

1. S. Solomon et al., eds., "Summary for Policymakers," in *Climate Change* 2007: *The Physical Science Basis Working Group I Contribution to the Fourth Assessment Report of the Intergovernmental Panel on Climate Change* (New York : Cambridge University Press, 2007), 13.
2. Ibid. "Technical Summary," 70.

上述最乐观的估计（温升1.8℃），也是我们在20世纪经历的3倍。此外，由于温室气体在大气中的长寿命以及世界各大洋对其反应的迟缓，我们已经"锁定"了这种变暖的大部分事实，就是说，无论我们制定的政策有什么样的变化，全球气温上升将持续到2030年已是不争的事实。即使我们能将温室气体排放量限定在2000年的水平，这种气候变暖依然会延续到21世纪中叶。但从长期来看，政策变化将产生巨大的影响：预计到2100年，温度上升将只有目前锁定值的20%。从这一点上看，通过积极的社会行动来延缓气候变暖还是有可能的，尽管我们不能阻止它。

较高的气温将加剧水分蒸发，使土壤变得干燥，并使旱灾频发，尤其是在南北纬度20°～40°之间的两大宽阔带，情形就更是如此。气候变暖将使美国西南部、欧洲南部和东部、非洲南部和南美的东部等地的极端干旱天数大大增加。[1] 空气中水汽也将增加，按照克劳修斯－克拉珀龙方程，气温每提高1℃，大气的含水量上升7%。由于天气系统中水蒸气的增加，极端降水事件 —— 即洪水 —— 的频率将随之上升。热浪造成的致命的大面积停电将经常发生，就像2003年在法国，2006年在美国，2007年在日本一再出现的情形，热浪造成死亡率攀升。海平面持续抬高（它的增长现在是每年大约3mm），唯一不确定的仅仅是它上升得有多快、有多高。低海拔的沿海地区，包括佛罗里达州、荷兰、岛屿国家和贫困的孟加拉国，将面临在今后几十年内被淹没的危险。

---

1. Solomon et al., fig. 10：18.

　　如果你看过影片《难以忽视的真相》或在报纸上读到过气候变化的故事，你一定已经了解大多数这类坏消息。关于21世纪气候变化的这些报道，除了有关飓风和森林火灾的属于推测性的之外，大部分都属于科学预言在先。然而，即使这些都还不是我们的气候模型做出的最严厉预警。气候最强有力的变化将席卷整个北部高纬度地区，北纬45°线基本上穿越美国北部、加拿大、俄罗斯和欧洲。在这条线以北，气候变化将是地球上任何其他地区无法相比的：气温将上升全球平均水平的近一倍（主要由暖冬造成），降水也将大幅增加。

　　在极北部地区，这些影响已显露端倪：北极海冰融化，北极熊溺亡，因纽特猎人失业。所有这些都是全球变暖的象征。北极地区气候变暖的速度和严重性确实非常值得注意。当然，北极地区相对较小且人口稀少，其原生态的社会和经济结构对我们生存的其他地区的影响永远属于边缘性的。但其南部区域，即"北部边缘"（northern rim，以下简称"北缘"）附近的广大地区及邻近洋域 —— 美国、加拿大、丹麦、冰岛、瑞典、挪威、芬兰和俄罗斯境内区域 —— 问题就要严重得多。如同北极的情形，这些区域的气候变化已经开始出现。在21世纪里，这一地带 —— 占近30％的地球陆地面积，现存的最大森林区域，也是最大的未开发矿产、水资源和能源蕴藏基地，有近1亿人口 —— 将经历最深刻的生态的和社会结构的变迁。

　　这些北纬地区对南方居民从来就不具有吸引力，这有几个原因。首先是日照时间具有很强的季节性。在极北地区和内陆深处，永久冻土层使建设成本难以承受，土壤常年渍涝，使潮湿的土地成为数以亿计的蚊子的天堂。作物生长季节短，农业产量低，大部分土地属于山地类型。对于适于南方生长的生命形式——植物、动物和人类来说，唯一最大的障碍就是令人脑袋发木的隆冬的严寒。这里的夏天是温暖的，甚至酷热（好在整个北缘附近都能用空调）；但冬天却是严霜冰冻。落叶乔木干裂死亡，蟾蜍在泥床上冻得像土坷垃，在－40℃（在这种低温下，摄氏和华氏温标已趋同）的严寒下，压缩机失灵，钢铁断裂，人工建设已不可能。[1]

经历过"－40℃"的人都对这种恶劣环境感到惧怕和痛恨，它使人类的活动被迫停止。所有来自北缘的人——白马镇的老板、艾伯塔省的克里族渔民、俄罗斯的卡车司机和赫尔辛基的退休老人——均向我描述了这种感觉。他们对近期气候变暖带来的各种问题和机会的态度颇为复杂，但有一点是共同的：那就是都相信－40℃的天气正变得越来越少。

全球变暖使得北缘的隆冬严寒趋缓，那是不是意味着这里可能是人类社会新的栖息地呢？这个想法并非那么荒诞：据2007年8月8日《华尔街日报》的一篇文章介绍，在纽芬兰和拉布拉多，投机性房地产交易在2007年大幅上涨。同样，据2007年12月1日的《金融时报》报道，挪威北部、瑞典和俄罗斯的房地产市场亦呈上扬趋势。但在你急着点开Realtor. com网挑选安克雷奇或温尼伯附近地区的不动产之前，先听好了：是的，房地产交易是在增长，但不是处处如此。就如同几千年来人类的扩张一样，它的方向取决于我们作出的选择和此前留下的历史和地理的印记。

---

1. F. Hill and C. Gaddy, *The Siberian Curse* (Washington, DC : Brookings Institution Press, 2003), 4–149.

　　我的加州大学洛杉矶分校的同事贾里德·戴蒙德（Jared Diamond）在他的《崩溃》一书中，通过对人类历史的梳理，确认了导致现存社会有可能走向衰亡的5个主要因素：环境破坏、贸易伙伴的失去、以邻为壑、气候变化和社会对环境问题做出的选择。所有这些因素，单独或组合，都可能引发社会的崩溃。就这个问题而言，是什么能够使新的社会结构有可能成功地建立起来？首先是经济机会，接下来依次是环境适宜性，投资和贸易的机会（它隐含着军事安全和完善的法治，没有这些，投资者就会畏葸不前，贸易就不会稳定），友好的邻邦和乐意定居者。

　　目前，在北缘地区，这些要求仅在不同程度上得到部分满足。充足的经济机会要求自然资源——化石燃料、矿产、鱼类和木材——以商品形式存在。事实也确实如此，目前北缘地区的国内生产总值主要来自这些资源的开发，其次是政府服务的贡献。这里邻国之间通常是友好的，相对于世界其他地区，所有8个北缘国家的内乱程度较低，且边境态势友好——虽然芬兰对与俄罗斯之间的漫长边境时有烦恼，俄罗斯则担心其人口稀少的东翼受到美国和（尤其是）中国的威胁。但不管怎么说，自第二次世界大战以来，这8个国家之间不存在严重的军事入侵。他们中的7个（俄罗斯是个例外）享有世界上最稳定的政治制度和法治环境。

　　接下来要考虑的是环境适宜性、贸易和人口等因素。气候变暖很可能使人类向北缘扩张的最大的环境制约因素——严冬——变得可以忍受。气候变暖还将缓解其他一些问题，譬如较短的生长季节；但也会带来另一些问题，譬如病虫害。但与暖冬的影响相比，这些都是次要的。因此，气候变化，这个使过去社会崩溃的五大关键因素之一，在北纬地区实际上起着孕育新社会的作用。

至于贸易和人口，也都好办，这些因素主要取决于市场、基础设施和人口发展趋势。虽然商品价格存在着波动，但从长期（例如21世纪和下世纪）趋势看，我们可以放心地说，世界对淡水、矿产、能源、食品和木材的需求将持续走高。但需求本身并不一定带来贸易，还必须有基础设施，没有这些商品将无法进入市场。人口因素同样如此，没有一定量的人口就不存在劳动力市场。而要满足充足的人力资源条件，则要求当地人口呈增长态势，或通过移民，或两者兼而有之。下面我想通过对今天北缘地区基础设施和人口发展趋势方面的强烈对比，来说明我对改变人类向北缘扩张的地域模式的一种希冀。否则的话，我们就会在某种程度上打乱原有的体系——20世纪我们曾两度如此，而且这种干扰首先造成的就是地域环境上的反差。

北缘地带长期以来资源丰富但人口稀少，这对各国中央政府是一种不可抗拒的诱惑。多年来，各国政府在改善基础设施、促进人口和经济增长方面的努力一直受到不同意识形态的左右，结果可谓好坏参半。此外，各国政府对待原住民的方式也有巨大差异。近年来，美国和加拿大在这方面做得最好，其次是斯堪的纳维亚，最差的是俄罗斯。但是与20世纪人类做出的两次重大选择比起来，所有这一切都显得相形见绌。那两次选择彻底改变了人类在北缘的存在：一次是第二次世界大战期间美国军队决定占领加拿大，另一次是1929～1953年，斯大林决定在横跨西伯利亚地区建立劳改营和流放地。

但作为一种强制移民措施，这一计划取得了巨大成功。到20世纪50年代初，劳改营人口达到250万，其中大部分是政治犯或轻刑犯。[1] 他们下矿井，伐木，修建公路、铁路和工厂。即使熬到刑满释放，出狱者也不允许回原籍。城镇发展得很快，到80年代末，这些城镇已发展为大城市，它们横跨地球上最寒冷的地域：新西伯利亚、鄂木斯克、叶卡捷琳堡、哈巴罗夫斯克、车里雅宾斯克、克拉斯诺亚尔斯克、诺里尔斯克、沃尔库塔市。俄罗斯已使西伯利亚城市化。

今天，这些城市的前途未卜。它们的位置选定是随意的，而不是出于经济可行性的务实要求。它们所在的地点让人不可思议：环境恶劣，彼此间距离遥远，贸易伙伴远不可及，基础结构延绵千里，供应链岌岌可危，需要从莫斯科得到巨额补贴才能运转。苏联担负社会主义建设的规划者们就是这样，通过在不毛之地建立起这些城市而使国家经济体系背上了沉重负担。菲奥娜·黑尔和克利福德·杰迪在他们的《西伯利亚诅咒》(Fiona Hill and Clifford Gaddy, *The Siberian Curse*)一书中解释说，"寒冷成本"压弯了苏联经济，并最终促使苏联在1991年解体。

苏联解体后，对这些城市的补贴也随之消失。在整个90年代，西伯利亚巨大城市群的人口流失速度比底特律不景气的裁员年的人员流失还快。今天，人口已有回稳的迹象，有限的繁荣主要来源于高油价。在21世纪里，第二次针对西伯利亚大型基础设施建设的更为明智的尝试可能很快就要出现，因为俄罗斯和中国都已看上了它那巨大的自然资源。目前已有初步迹象：普京正式开放了6200英里长的莫斯

---

1. Hill and Gaddy, 86.

科到符拉迪沃斯托克的高速公路，这是世界上最长的公路。俄罗斯军事学者已提出在西伯利亚远东地区实行"自由经济区"概念，开放该地区巨大的木材资源以便利用中国的资金进行发展。但是，那里的人口在继续减少，俄罗斯族人和原住民都是如此——高死亡率、自杀和极度贫困导致人口增长率持续走低。西伯利亚任何新的人口扩张都需要大量的基础设施建设，需要更明智的人口发展计划，对失败的城镇选择放弃或迁移，只有这样才能使今天的人口负增长的局面逆转。

在北美则是另一番景象。最初少数白人殖民者与土著群体共同生活，他们通过开矿、捕猎、打渔和小农场经营来不断开拓生存空间。第二次世界大战改变了这一切。从战时需要出发，美军在北缘地区修建了大型基础设施——机场、道路、基地、管道、港口、雷达站以及遍布阿拉斯加、加拿大、格陵兰和冰岛的所有城镇。仅在阿拉斯加就有6万美军和承包商。在加拿大西北部，友好地驻扎着总共约4万士兵和平民工作人员——他们为这一人口稀少地区输入了大量人口。加拿大政府从渥太华看着这一切：美国用西北分期路线（Northwest Staging Route）、阿拉斯加公路、卡诺尔管道和其他几十项工程项目改变着这一地区。[1]美军工程的印记至今仍影响着北缘居民的生活模式和经济活动。

土著群体则完全被边缘化，看着他们的家园不断萎缩。在加拿大，他们曾忍受着文化遭到破坏的重新安置计划。但20世纪70年代初以来，他们不断通过法律行动（要求土地所有权）来恢复其领地管辖权

---

1. 见 K. S. Coates and W R. Morrison, *The Alaska Highway in World War II : The U. S. Army of Occupation in Canada's Northwest* (Toronto : University of Toronto Press, 1992).

和矿业管理权，现已基本成功。美国和加拿大的原住民正在形成蓝色西装商业机构，并不断加强其经济和政治影响力，他们在北缘地区拥有最高的人口增长率。如果美国持续干旱下去，我和我的气候变化难民同胞将无法指望在北方边境立足，因为所有好的地点都已瓜分完毕。

那么，在向北扩展这一点上，上述对比给了我们什么启示呢？美国和加拿大有合理的基础设施、有效的法律法规以及快速增长的安居乐业的家庭人口，这两个国家具有很好的扩张潜力。俄罗斯则不然，它的基础设施严重滞后，人口严重下降。斯堪的纳维亚国家则以其发达的公路网、港口和大学教育，已准备好从冬季气候变暖的过程中获益。

为了免得你误解这篇文章，让我把一些事情讲清楚：我所描述的转变是从不适宜居住的土地迁徙到适于居住的土地。这决不是建立北部的乌托邦。如果我们可以待在现在生活的地方，享受从北纬50°到南纬45°之间更广大、更友好的土地，那么国际社会将远远和平得多。我们这个星球的自转轴倾斜23.5°，这决定了总会存在一些黑暗和寒冷的高纬度地区，即使温室效应使得马尼托巴省丘吉尔地区的2月热得（比方说）赛过明尼阿波利斯的2月。事情远没到木已成舟的地步：是的，我们是受到气候明显变暖的影响，但还不至于（至少目前）都必须迁居到雅库茨克。我们的选择是：如何改造这一地区需要通过明智的、深谋远虑的计划来决定，这一计划应是基于IPCC对温室气体排放的乐观或悲观的估计。往好了说，北缘地区将变得可以忍受，而不是天堂。我不建议你在拉布拉多置地。但在密歇根州也许可以考虑。

第 2 章
◎ 克里斯蒂安·凯泽斯
镜像神经元：我们天生就合乎道德吗？

克里斯蒂安·凯泽斯（Christian Keysers）

1973年出生于比利时，曾在德国和波士顿学习心理学和生物学。2000年获苏格兰圣安德鲁斯大学神经系统方面博士学位，随后去意大利帕尔马工作，在那里他对听觉镜像神经元的发现做出了贡献，并将镜像神经元的概念推广应用到情绪和感觉方面。他是荷兰格罗宁根大学医学中心神经影像中心主任和社会脑研究方向的全职教授。他曾获得欧洲委员会颁发的居里夫人卓越成就奖，是《社会神经科学》杂志的副主编。

共享回路：你如何侵入我的大脑

在20世纪90年代，帕尔马大学的意大利神经科学家贾科莫·里佐拉蒂（Giacomo Rizzolatti）、维托里奥·加莱塞（Vittorio Gallese）、莱昂纳多·弗加西（Leonardo Fogassi）及其同事在研究大脑如何控制我们的行动这一课题时有一项重要发现，他们使用非常薄的电极来测量猴子大脑中运动前皮质区域单个神经元的活动。当猴子抓握或操作物体时，这个区域的神经元就活跃起来。例如，当猴子抓住一颗花生时，某些神经很活跃；当猴子剥开花生壳时，则另一些神经元变得活跃。正是这些神经元的活动触发了猴子的动作。人类也有运动前皮质，如果一名外科医生在进行病人手术时刺激了这个区域，病人就会报告说有想要执行某些操作的感觉。运动前皮质是我们自愿行动和控制我们自己身体 —— 我们的自由意志堡垒 —— 的关键。

当实验中一只猴子抓起一颗花生交给另一只猴子时，奇迹出现了：对抓住花生起反应的神经元在猴子只是看着别人执行相同操作时也会出现同样的反应。起初，佐拉蒂等人不相信他们的这一发现。大脑中涉及自愿行动的区域怎么可能会在观看其他人的行为时产生反应？最终让他们信服的是这种反应的显著的一致性：对执行特定操作（如抓物）起反应的神经元会对看到的特定行动产生反应。这不可能是巧合。

实验者后来证明，即使是其他人动作发出的声音也会激活与这些特定动作相联系的神经元。事情变得越来越明显：猴子的大脑可以将实验者的动作转变成猴子将用来执行同样动作的引擎程序。

我们称这些神经元为镜像神经元，因为通过它们，猴子脑部的引擎活动映射了他人的行为。

一系列实验表明，人类也有类似的神经系统。当我们看到了其他人、动物甚至机器人的行为时，我们自身行为的引擎表达就被激活。

如果我们看到了其他个体的行为时我们自身行为的引擎表达会被激活，那么我们为什么不总是公开地模仿别人？答案是，当我们正在观察他人的行为时，神经门似乎锁住了我们的引擎区域的出口，不让身体模仿看到的动作。但在这扇门的背后，我们的大脑可以隐蔽地分享我们周围的人的行动。我们不再只看到别人的动作，我们也感到我们内心的动作，就像我们正在做着同样的事情。例如，如果我们处在比赛的起跑位置上，这时旁边对手的假动作就很可能自动触发我们自身的起跑。当我们看到别人跳舞，我们常常会情不自禁地感到自己的身体也在律动。我们的引擎系统就像是我们的自由意志的活动中心，每当我看到你的动作，你便渗透到这个活动中心。你的行为成了我的；我的行为成了你的。

这种现象不只是限于身体运动。譬如说，当有人拍了下我的肩膀，我的感觉皮质让我感受到一种感觉。但有意思的是，即使我看到有人拍了另一个人一下，我的大脑的同一区域也会被激活。如果我割破了自己的手指，我的扣带皮质和前脑岛将记录下这种痛苦。但如果我看到你割破了你的手指，我的大脑的这些部位也会活跃起来。虽然这种间接感受不像我们体验自己的感觉那样强烈，但我们毕竟隐隐地感觉到其他人的感受。当我看到你割破你的手指时，我感觉到我的手指也隐隐作痛。当我看到詹姆士·邦德的肩膀上爬着一只大蜘蛛时，我自己的肩膀也会痒痒。

不仅如此，我们的情绪似乎也遵从类似的法则。例如，当我闻到难闻的气味时，我的岛叶产生厌恶感。但当我看到你的脸上表现出厌恶的神色时，我的岛叶区域同样会活跃起来，就好像我体验到你的厌恶。这些共同的神经活动与我们的个人主观经验是密切相连的：当我们听到有人在笑时，我们的情绪也会好起来；当你的朋友在哭时，你也会感到悲伤。他人的情绪是有传染力的，因为我们在看到他人的情绪表现时我们的大脑会激活我们自己的情绪。

这些大脑回路可以防止我们在看到其他人的境遇时表现得像个"局外人"。事实上，我们可以在内心感受到他们的动作、感觉和情绪，就好像我们就是他们。他们已经成为我们。

共享回路允许我们向他人学习

这些共享回路有什么好处呢？人类通常将成功归因于自身具有合作和相互学习的能力。狩猎就是一个很好的例子：有了长矛和协调能力，人类可以降伏水牛或猛犸象。虽然媒体经常美化个人的天才，诺贝尔奖也只是奖给新思想的发现者，但大多数有用的东西（如长矛）是几千年中技术缓慢进步的结果 —— 从较有经验的老师那里学来，然后加入自己的创新，再教会下一代。

不知怎的，我们的大脑就是会向他人学习。这个过程远不是那么不起眼。例如，为了学会制作长矛，我们必须将对他人动作之所见变成很不相同的某种东西 —— 以类似方式来移动我们自己的手所需的神经脉冲。镜像神经元似乎已经解决了这个艰巨的任务：每次我们看到一个动作，镜像神经元就会将所见转换为重复这一动作所需的引擎命令。当我们看到行家一个动作接一个动作地进行着一连串的操作，直到最后制出了长矛，我们的大脑会以相同的顺序激活类似的行动，将捡起石块，磨尖它，捡起木棒，将石块绑在木棒上等熟悉的动作组成一整套新颖的长矛制作程序。

与别人的感情交流是这一过程的重要因素。几乎所有动物都是基于反复尝试-纠错来学习的。当我们共享他人的行动和情感时,这种古老的机制就成为一种社会性的学习。如果我们看到某个人品尝一种不熟悉的水果,并流露出高兴的神色,我们的大脑就会共享这个动作,并产生积极的后果——好像我们自己吃了这种水果并喜欢上它;如果我们看到某人吃了之后表露出厌恶的神情,我们也会分享这种负面体验。我们的替代性的试错学习机制会告诉我们,吃了这种水果是好还是不好,这为我们提供了一种没有中毒风险的学习的好处。

由此,这些大脑回路模糊了你我经验上的明确界限。我们的经验汇集到共同的知识海洋里,我们称之为文化。随着语言、书籍和电视的出现,这种共享成为全球性的,它使我们能够跨越时间和空间来交流经验。

共享回路创建道德本能

我们更多时候是被动的观察者,我们的许多决定影响到他人。想象一下,我和另一个饿汉在一起,我发现了一块食物。我是一个人独吞了它,还是和他一起分享?

从个人主义的角度来看,独吞似乎是最合理的决定。它使我免受饥饿,唯一不足的是另一个人会饿死——但这不是我的问题,不是吗?如果我与他分享食物,我可能希望日后其他人也会觉得有义务回馈于我——但谁知道,他也可能不会。

不过，由于存在这些共享回路，这种情形是不会出现的。因为不论是我们感觉到自己的疼痛还是目睹他人的疼痛，我们大脑的同一区域都会变得活跃，这意味着替代性地分享他人的感受不是一种抽象的概念，而是我们自己的低声部共鸣。如果我吃独食，我就不仅会看到而且会体验到我同伴的痛苦，而如果我与同伴分享食物，我就会分享他的喜悦和感谢。因此，我做决定不再只是由我的饥饿来引导，而是由我的同伴的痛苦和快乐带给我的真实的痛苦和快乐体验来引导。

更重要的是，虽然这些大脑机制的力度因人而异，也因情形而异，但所有个体都会表现出某种程度的共享。因此，我们有理由认为，当其他人在决定是否让我分享食物时，也同样会考虑到我的痛苦。事实上，对社会各个方面的实验结果表明，在世界大多数地方，人们往往倾向于与其他人共享，而不是将一切财富留给自己。

共享回路使我们能够与他人分享知识，因此它对于认识人的本质还有另一层深刻含义：它们奠定了直觉利他主义的基础。大多数文化里都有所谓道德黄金法则。例如，基督教要求"所以无论何事，你们愿意人怎样待你们，你们也要怎样待人。因为这就是律法和先知的道理"（马太福音 7：12）。伊斯兰教也认为，"你们任何人都不算（真正）归信，直到他为他的兄弟祈望，如同他为自己所祈望的一样"（穆罕默德，脑威圣训第 13 条）。我认为，使我们分享他人的痛苦和喜悦的大脑机制是我们很容易直觉地信奉这一格言的神经生理基础。我们的大脑与生俱来就是合乎道德的。

这并不是说，人类不会互相伤害。事实上，如果我们的个人利益与他人的利益直接冲突，我们的趋利愿望可能就会超越同情心。不幸的是，人类的智慧已经设计出各种方法以便在那些不能达到我们目的的情形下减弱我们的同情心。在军事上，将军与士兵之间的距离使前者对后者遭受敌方伤害带来的痛苦变得漠然，并能够下达于己有利的命令。同时，层层下达的指挥链将直接见证痛苦的士兵身上的道义责任脱去了。军事上的高效性就这样绕过了同情心。远距离杀伤性武器的发展也有类似的作用。看清同情心的生物学本质有助于我们认识到这种距离带来的风险和问题，并为我们如何将同情心的自然机制融入我们的制度建设指明了方向。

人类是进化的结果，进化总是偏向那些能够留下更多后代的个体，而不是那些在服务于他人时忘记自身利益的利他主义个体。乍一看，驱使我们分享他人情绪的大脑似乎与适者生存法则相悖。但人类是群居动物。想象一下，一种是家庭成员可以共享其他成员的行动、感觉和感情的家庭，另一种是不具有这种能力的家庭。在后一种家庭中，兄弟间彼此偷窃，尔虞我诈，家庭成员之间很少能够相互学习。而高度共享的家庭则尊重彼此的需要，彼此间相互学习和协作。在困难面前，在狩猎、采集和养育幼儿时，这种合作能力将被证明是至关重要的。因此这种家庭会留下更多的后代。作为个人，我们可以付出分担痛苦的代价，因为我们有同情苦难的能力，但我们获得了我们的文化和社会稳定所带来的全部好处。镜像神经元 —— 及其馈赠的分享他人的情感的能力 —— 不仅使我们能够与其他个体合拍，而且促使我们用它来深入了解善恶。我们欣慰地认识到，我们体内有某种东西，它使我们真正关心他人，就如同他们是我们自身扩展的一部分。

第 3 章
如何增强人自身

◎　尼克·博斯特伦

尼克·博斯特伦（Nick Bostrom）

　　哲学家，牛津大学人类未来研究所所长。在到牛津大学之前，他曾在耶鲁大学教授哲学。他于 2000 年获伦敦经济学院博士学位。他具有物理学、计算神经科学和数理逻辑方面的背景，研究领域包括概率论基础、全球性灾害风险、人类增强伦理学（the ethics of human enhancement）和未来技术的影响等。

　　博斯特伦是《人类增强》一书的编者之一（另一位是朱利叶·萨乌莱斯），并与米兰·契尔科维奇共同主编了《全球性灾害风险》一书。他关于人类增强方面的论文有着广泛的影响力，他的著作已译成 16 种文字。他还曾短暂兼任过一些机构的顾问，包括欧洲委员会和美国中央情报局。

自然的智慧

　　医学是困难的。我们知道，这是因为尽管有时我们尽了最大努力，但往往还是以失败告终。然而，药物通常只是为了医治机体损伤，而体质增强则与此不同，它是针对未受损伤的机体系统，是要使它变得更强健 —— 从多方面来看，这都是一个更宏大的目标。

人是进化复杂性的一个奇迹。虽然生物科学已有了很大进步，但这种复杂性的大部分仍未被揭示开来。当我们对这一复杂的、进化了的、知之甚少的系统进行医治时，我们的干预往往失败或适得其反。现已证明，止痛药会导致新生儿先天缺陷或高血压；号称安全的杀虫剂被发现具有致癌作用；发明的婴儿配方奶粉被吹嘘得优于母乳，但后来发现，它缺少对大脑发育具有重要意义的某些脂肪酸。这种失败的事例可以罗列得很长很长。医源性疾病，即由医疗失误造成的恶化，据估计每年造成全美近22.5万人死亡，成为第三大死因。就好像存在一种"自然的智慧"，我们胆敢忽视它或凌驾其上，就会带来危险。对大自然智慧的笃信——或者反过来，对精心篡改自然尤其是篡改人性能够取得成功的怀疑——往往表现为对增强体质的做法持道义上的反对。很多人直觉上就认为"自然"是不可超越的，人类的狂妄自大终将付出代价。有些人可能会将这些想法归于神学教义的基础，但实际上并不存在这样的基础，有的只是对改变现状的不适。

人类体质增强的热心倡导者——对通过生物医学干预来改善认知、丰富情感或延缓衰老抱有积极乐观态度的人——总觉得所谓"自然的"偏好是纯粹的迷信，或无奈地得出结论认为，观点上的区别在于基本道德上的分歧，要对这种道德进行理性的讨论是不可能的。但是，我们做的可以比这更好。我们能够认识到，大自然有一定的"智慧"这种想法是有道理的。通过更好地了解这种智慧的程度和局限性，我们可以为增强人类体质的前景建立一套切实可行的启发性研究模式或经验法则。这种启发模式不是要替代通常的医学研究——譬如临床试验等——而是可以通过识别干预参数来引导研究，尽可能使干预带来的潜在的副作用和风险变得一目了然，这样一旦出现这类警告，我们就会格外谨慎行事。

通过考虑我们这个物种的起源和进化过程中的缺陷，我们可以更容易地看出大自然在哪个地方做得不够好。在这种地方，也只有在这种地方，采取可行的人类体质增强措施才比较容易。

进化 —— 一个伟大的工程师

我们可将进化比喻为一位技巧娴熟的工程师。这一比喻的界限设在对我们有用的地方。

进化造就了人体组织这一系统。这是一个比我们人类迄今所构建的任何结构都要复杂得多的系统。我们惊叹人体组织的复杂性，它的各个器官在解决复杂问题方面进化得可谓完善：眼睛用来收集和预处理图像信息，免疫系统可以抵抗感染和癌症，肺部为血液提供氧气。人类的大脑 —— 各种增强体质建议中最具吸引力的集中体现 —— 可以说是已知宇宙中最复杂的对象。

鉴于我们对人体结构特别是大脑已有初步了解，我们希望如何来进一步强化这一系统呢？这相当于要超越进化。我们可能会怀疑，依据我们目前的工具和科学认识水平，我们是否有能力做到这一点。我建议我们不妨将这种模糊的疑虑变成一个问题，这也是提出任何强化干预措施时应当提出的问题。我们可以称之为**最优进化挑战**：如果拟议的干预能够导致体质增强，为什么我们没有发展成为那样？

可能的答案有三种：

· 权衡利弊的标准发生了改变；

· 价值取向不一致；

· 进化限制。

如果上述任何一种答案能够为为什么进化没有形成所需的增强这一问题提供一种解释，那么增强性干预就可被认为是有希望的。当然它仍然需要临床试验，但这种启发模型为我们进入这个阶段开了绿灯。相反，如果不存在这样的答案，那么这种增强体质的建议很可能归于失败：它们可能根本行不通，也可能有严重的副作用（这种副作用当时可能不那么明显，需要有数年时间才能体现）。在这种情况下，启发模型警告我们须格外小心，或尝试其他方法。

权衡利弊的标准发生了改变

人体组织是在特定环境下进化的。这种特定环境就是非洲热带草原上的狩猎采集生活。现在，这个系统必须适应在现代世界的环境下工作，这是一个完全不同的环境。现代生存条件对我们这个物种来说来得太快，我们很难完全适应。因此进化所达成的取舍可能不再是最佳的。我们可以做出一些调整和改变来使人类机体更好地适应新的环境，尽管与创造最初设计的进化过程比起来，我们的工程改造过程要短得多。

对发达国家的大多数人来说，现代生活的一个新面貌是食物供应非常充分，人已摆脱了对季节的依赖。相比之下，在自然状态下，粮食在大部分时间里是相当稀缺的，人类不得不将能量储备放在第一位，并不得不采取高新陈代谢的机体组织、生命过程和行为等高耗能举措来维持生存。例如，人类的大脑只占体重的2%，而其能耗却超过人体全部能耗的20%（对于新生儿，脑代谢甚至占到总代谢的60%）。脑、心、胃肠道、肾脏和肝脏消耗掉基础代谢的70%。进化不得不作出艰难的取舍，以便在这些器官的大小和功能方面，与在寻找食物和营养价值最大化之外，进行其他活动所花费的时间和精力方面之间取得平衡。

假设存在某种潜在的增进人类体质的途径，使我们拥有更多的智能。现在我们将其应用到这样一种问题上："如果有这样的好事，为什么我们没有自然地进化出这样一种高智能水平呢？"一种可能的答案是，进化改变了这种取舍权衡。因为智能水平越高（也许本身是有益的），所需的新陈代谢支出就越大（精神活动需要大脑消耗更多的能量）。当然，今天我们不再关心如何维持身体所需的卡路里（如果这是个问题的话，我们所关心的正好相反）。因此，如果我们可以找到某种方法，既能增进智能，又允许机体有更多的热量消耗，那么也许就可以达成一种新的绝佳平衡。这里，改变这种权衡的最佳点是靠增加粮食供应来保证的。实际上我们已经有了这样的方法：譬如咖啡因和莫达非尼等兴奋剂，它们对提高智能有效，同时副作用也相对较小。

也许大自然还可以设计出这样一种增进智力的遗传机制，其代价是使得头变得更大或成熟期相对延长。我们很容易看出为什么大自然没按此演化，即使它对增进智力有效。因为高的认知能力可能使狩猎采集者具有优势，但过大的头部或较长的成熟期带来的风险则会超过这种收益。但现在，随着新的生存手段的实现，譬如助产技术、剖腹产和儿童成长的安全环境，这些负担要小得多。

另一个潜在的增强我们机体的手段可能是提高细胞DNA的修复能力。这将有助于预防癌症和衰老。如果增加的成本仅仅是要求提高卡路里的摄取量，那这将是一个完全值得的代价。

除了提供新的资源，生存环境也会因向我们提出新的要求而改变。在书面语言发明之前，当然更谈不上文字的选择。识数、分析能力、抽象思维和长时间集中于某项认知挑战的能力在当今世界要比在更新世（冰川世）有用得多。这些需求上的变化也意味着可能的改进。例如，我们可能会发现某种药物能够提高我们的注意力。注意力既然这么有用，为什么我们不曾拥有一种更强健的集中注意力的能力？这或许也涉及取舍平衡问题。也许高强度集中注意力会增加大脑的新陈代谢，或减少对周边的警觉。如今，卡路里不再稀缺，而对周边的警觉对猎人才显得非常重要（小心狮子就在你身后）。在现代社会中，更重要的是如何将注意力集中在（譬如）书本上，或计算机屏幕上，或与之交流的对话者上。意料之中的是，有些人是靠如尼古丁或利他林这类东西来保持注意力集中的。这些药物就是对最优进化挑战的回应。

价值取向不一致

对最优进化挑战的第二类答案源自于我们希望采用的标准与控制进化的标准之间的偏差。进化选择讲究内在适合度（inclusive fitness），就是说，这种适应性既包括个体自身的适应性，也包括由基因亲缘度所决定的社会伙伴的适应性。而我们在优化方面看重的则是这样一些价值：健康、成就、有知识、有意义的关系和美德——对我们来说，这些品质要比尽最大可能繁育后代更重要。

这种目标上的背离为有前途的体质增强提供了丰富的来源。在我们能指出这类价值取向不一致的地方，我们不必假定人类的才智超越自然进化就可以应对最优进化的挑战。一个从没有设计过汽车的普通技术员（更不用说那些精英了）就能够将一辆宝马改造成一个粗陋的雨水收集装置。如果碰巧我们这会儿需要的正是集雨器，那它的价值就超过一辆汽车，从我们的观点看，这也应算是一种增强。同样，我们或许可以改善人的机体，以便更好地服务于我们的特异目标，尽管我们无法像自然界的生存繁育机制那样来增强其表现。

这并非对我们希望增强的所有生物性状都有效。我们看重的许多性状在人类早期的生存环境中也起着提高繁殖成功的作用，健康就是一个例子。但我们看重的许多其他性状则对进化的成功没有贡献。避孕技术就是一个明显的例子。输精管结扎术、避孕药和其他避孕方法可看作是一类增强措施，因为它们能够提高我们对生殖系统的控制。我们看重这类增强措施，是因为它们促进了计划生育并提高了择偶的选择性。为什么进化没有为我们提供一种简单的生殖开关功能，这并不难理解。

我们至少可以区分两种不同形式的价值取向偏离。其一，那种使个体的内在适合度最大化的性状未必总是其最优性状。其二，这些性状对社会或非个体对象来说也未必总是最好的。从某种角度来看，这两种价值取向的不一致性表明增强型干预有可能是可行的。

例如，我们可以采取干预措施来提高我们的厌烦阈值水平。这种干预可能会使我们生活得更加愉快：我们可能会发现更多的令人感兴趣的事情，并从工作中、业余爱好中和其他人身上得到更多的快乐。按理说，低的厌烦阈值是人类对早期生存环境的一种适应，它会阻止我们将时间和精力浪费在与生存和繁衍生息无关的事情上。这里不是说我们应该将我们的耐烦能力提到无限高（即看什么都不烦，都高兴 —— 译者注），而是说平均来看，我们的厌烦阈值应高于让我们感到生活最美好和满足的那些事情的水平。通过某种药物或基因干预的手段，适当提高这种厌烦阈值是可行的。

我们还可以考虑那些有益于社会或整个人类的潜在的增强手段。进化为什么没提供给我们这方面的优势（例如，扩展利他主义以及控制暴力冲动的能力），其原因是不言自明的。我们很容易看出进化是如何通过自然选择来使这些性状保持在一定水平上，从而使个体的内在适合度达到最大化。我们也看到，为什么当今社会可以从（平均而言）个人具有更大程度的利他主义和更好的控制暴力冲动的能力上受益。增强这些品质对现代人来说既是可行的也是社会的需要，其途径包括服用具有移情作用的药物（empathogenic drugs）、情绪疏导、提高修养，以及增强这些亲社会倾向的文化和社会环境。

即使是我们希望增强的某种品质本身具有促进内在适合度的效果，有时我们仍会借助于价值取向偏差来应对最优进化的挑战。譬如下述情景：一种性状（品质）可能内在地就关联着另一种具有降低适应性水平的性状（品质）。进化已经在这两种性状之间达成某种取舍平衡，但如果我们对这两种品质评价的优劣次序与进化的结果不同，我们就有理由采取不同的取舍。例如，假设非常高的创造性智力需要以注意力分散为代价。虽然我们在其他条件相同的情形下通常不愿意分散注意力，但如果注意力分散能带来很高的知识创新能力，那么我们可能会愿意接受相当程度的注意力分散。如果我们能够证明，在早期人类环境下这种偏好的取舍会使得适应性变差，那我们就有理由认为，今天我们应当寻求某种干预来得到我们想要的结果。与此相反，如果一种拟议的干预能给我们提供好处却不需要付出任何代价，我们就该怀疑这种干预 —— 除非我们能在回应最优进化挑战的启发式模型的另两种答案中找到一个答案。

进化限制

回应最优进化挑战的最后一种潜在答案在理论上要比上述两种复杂一些。它源于这样一个事实：进化不是一个完美的适应性优化的过程。进化的优化要受到一整套重要的限制条件的约束。在一些特定情形下，这些限制条件意味着我们能够做得比自然进化过程更好。我们继续拿汽车作比喻：尽管我们的工程师比不上原汽车厂家的工程师水平，但只要我们有更好的工具和材料，我们就能够生产出更好的汽车。

进化限制条件可分为三类：

- 毫无可能（进化根本不能产生特定的性状）；

- 陷入困境（进化停留在不包含该性状的"局部最优"）；

- 进化滞后（性状进化需要的时间非常之长，其更替的代数超出整个人类人口繁衍所用的时间）。

首先，我们来考虑"毫无可能"。生命过程只能出现在允许它存在的地方。例如，陆地生物不可能结晶出金刚石或大的金属物，因此进化不可能做到演变出钻石牙釉质或钛金属骨架。如果这些改进手段在技术上是可行的，那么它们很容易应对最优进化的挑战。这样的例子太多了。进化不可能生产出高性能硅芯片以加强神经网络计算，尽管这种芯片能提供明显的益处。虽然这种改进提出了许多技术上的挑战，譬如如何确保植入体内的芯片能克服机体排异性，但这种增强是不是行得通，这既不构成特定的进化原因，也与自然的智慧不相关。

所以会出现陷入局部最优困境的局面，是因为自然选择是一种"短视的"搜索过程，它会滞留在这样一种状态，尽管大的变动可能会使整个状态变得更好，但任何微小的变化都会使该状态变糟，于是这种状态就不会轻易改变。这方面的一个例子是人的阑尾。阑尾是我们食草的灵长类祖先具有的大得多的盲肠的残留物。尽管阑尾可能有某种有限的免疫功能，但它很容易受到感染。在自然状态下，阑尾炎是一种危及生命的疾病，尤其是在青少年身上发生的可能性很高。按说阑尾的退化很可能会增强早期人类对环境的适应性，然而，较小的阑尾会增加罹患阑尾炎的危险，于是那些小阑尾的基因携带者就会比非小阑尾携带者有更大的罹患阑尾炎的风险，因此，其适应性就较低。

除非进化能够找到一种一次性消除阑尾的方式，否则就无法摆脱这个器官，因此它到现在仍然存在于我们体内。安全方便地切除阑尾作为一种干预或许是一种增强体质的手段，这样既提高了身体素质也改善了生活质量。

进化锁定在次优状态的另一种方式是杂合优势现象。这是指这样一种常见的情形：那些携带特定的异质结合基因的个体（即携带两个不同版本基因的个体）较携带纯合基因的个体（拥有两套完全相同副本的个体）有优势。在许多情况下，潜在的有害基因之所以能够在一定人群中维持有限的频率，杂合优势是一个重要原因。一个典型的例子是不完全隐性镰状细胞基因：纯合子个体易患镰状细胞贫血症（一种潜在致命的血液性疾病），而杂合子个体在这种情形下就显示出优势：提高了抵御患上疟疾的免疫力。镰状细胞杂合子携带者要比两种类型的纯合子（一种是缺乏镰状细胞基因，另一种是有两套副本）携带者有更大的适应性。平衡选择以一定频率在人群中保留了镰状细胞基因，其分布恰好与疟疾流行的地理特征相一致。所谓"优化的"进化选择是指，某些人恰巧生来就带有纯合子等位基因，因而导致镰状细胞贫血症。所谓"理想优化"——每个人都携带杂合等位基因——是自然选择无法实现的，因为按照孟德尔遗传模型，杂合子父母生育的新生儿肯定有25%的可能是镰状细胞基因纯合子的携带者。

　　杂合子优势意味着一种明显的增强体质的机会。如果可能，变异的等位基因可以被删除掉，而且其基因产物可用作药物。另外，通过对体外受精的基因进行筛查可以保证杂合性，使我们能够取得自然选择未能实现的理想优化。

　　最后我们来讨论"进化滞后"——进化的优化能力的最终限制。进化的适应需要时间——很长一段时间。如环境条件变化得过快，基因的演化就会跟不上。人类祖先的生存条件是频繁变化的，譬如迁移到新的地区、气候变化、社会动荡、采用了先进工具，并且适应了与病原体、寄生虫、捕食者和猎物共存等等，人类从来没有完全适应其生存环境。进化不断地驱动着人类在适应性斜坡上奔跑，但适应性的景观在不断更新，人类的进化可能永远不会到达峰顶。即使存在有利的基因或基因组合，它们也没有时间来扩散到所有人群。

　　如果我们找到一种理想的、进化还没来得及将其扩散到整个人类的基因，那么通过干预将其插入基因组，或模仿其效应，就可能实现应对最优进化的挑战。一个简单的例子是乳糖耐受性。乳糖不耐性曾是哺乳动物对促进断奶的一种适应性，但在过去5000年到1万年的时间里，乳制品一直刺激着人体对乳糖酶的选择，从而使人体发展出乳糖耐受性。但这段时间还没长到足以让这一性状扩散到所有人群，因此医疗上需要通过服用乳糖酶药丸来帮助患有乳糖不耐症的人群消化乳糖，这同时也扩大了这一人群的食谱。这种增强显然很好地回应了最优进化的挑战。也许我们还可以找到类似的情况：譬如参与脑发育的基因也受到强烈的正向选择，在过去的3.7万年（甚至可能更近）里已经出现了新的变种，这个时间段从进化上看还是相当短的。

结论 : 进化的缺陷应该看作是大自然赋予我们的机会。系统研究曾创造人类机体的进化过程的局限性,我们就能够采用干预措施来找出增强人类机体的有前途的方法,这些干预措施有些在今天已是可行的,有些则在不远的将来有可能实现。

从长远来看,这只是第一步,我们应该能够走得更远。一旦我们对人的机体有了比较完整的了解,或者换句话说,我们学会了如何构造出具有同样复杂程度和性能的完全人工系统,那么我们将不再需要借助于进化启发模型和"自然的智慧"的支持。总有一天,我们会学会如何从头设计出新的器官和机体。我们甚至可以不再依赖于生物材料来行使我们的身体和大脑的功能。人类一旦从这些实际的限制中解放出来,其任务将变成如何明智地运用我们的力量来自我完善。换句话说,我们面临的挑战将从目前的科学实践为主转变为道德实践为主。如果说,从我们目前的观点看,道德任务似乎还显得相对琐碎的话,这只能说它反映了我们目前的不成熟。

第 4 章
我们在非自然宇宙中的位置

◎ 肖恩·卡罗尔

肖恩·卡罗尔（Sean Carroll）

自2006年以来，一直担任加州理工学院高级研究助理，1993年在哈佛大学获物理学博士学位，论文题目是"场论中拓扑和几何现象的宇宙学结果"。他曾先后在麻省理工学院理论物理中心和加州圣芭芭拉大学理论物理研究所做博士后研究，任芝加哥大学物理学助教。他的研究范围横跨理论物理学多个方向，包括宇宙学、场论、粒子物理学和引力理论。他目前的研究方向是暗物质和暗能量的性质；宇宙学、量子引力和统计力学之间的联系以及早期宇宙是否经历了一个暴胀期。

卡罗尔撰写过研究生教材《时空和几何：广义相对论引论》，并为教学出版公司录制过有关暗物质和暗能量方面的课程。他曾分别获得过斯隆基金会（Alfred P. Sloan Foundation）、戴维和露西尔帕卡德基金会（David and Lucile Packard Foundation）提供的奖学金。获得的荣誉还包括有麻省理工学院研究生会教学奖和维拉诺瓦大学艺术与科学学院奖章，2007年被授予美国国家科学基金会NSF杰出讲师称号。他是宇宙变化博客http：//blogs. discovermagazine.com/cosmicvariance/的创始人之一和博主。

宇宙一直想告诉我们一些东西。但到目前为止，我们始终没搞清楚它要说的是什么。

　　科学是要增进理解，但科学的进步却往往由误解推进。当一个接一个的观察与我们的预言相一致时，科学就很难再向前推进了。但当实验结果与我们钟爱的理论背道而驰时，我们便开始取得某些进展。再好的理论也不可能涵盖我们希望得到解释的一切现象。我们的目标是要将理论扩大到未知范围，没有什么能比与当前理论图像相矛盾的事实更有用的了。

　　但是，我们并不总是这么幸运。有些理论，在其适用范围内，对我们的观测结果能够给予很好的解释，但让我们有一种令人不安的感觉，就是它们不是事情的最终解决方案。这方面的一个绝好的例子是粒子物理学的标准模型。经过 20 世纪 60～70 年代的辛勤建构，这个模型在解释粒子物理学家在 20 世纪 80～90 年代积累起来的海量数据方面发挥了英雄般的作用。直到最近 —— 随着中微子质量和存在暗物质和暗能量证据的发现 —— 标准模型才开始遭遇挫折，我们至今仍不知道可以用什么新的理论来取代它。

　　可是在粒子物理学领域，从来就没有人真的认为标准模型是最终解决方案。一方面，它不包括基本力之一 —— 引力 —— 因此它被认为不可能是完备的。另一方面，它似乎不像是完全"自然的"。它包含了大量的粒子，要用很多参数来描述，而且这些参数值似乎显得杂乱无章，毫无规律。它有各种不同的对称性 —— 有些破缺，有些不破缺 —— 但都没有令人信服的理由。对于弱核力，能量上还存在一个很重要的尺度，如果你不做测量，你想象不到这个尺度会有多小。

　　尽管标准模型勉强经受住了实验的检验，但它总是不太对味儿。

在这一杂乱无章的理论背后一定有一些更为简单、更为牢靠的安排。

旁观者清。在有些人看起来非常自然的东西在另一些人看来则大有疑问。但是物理学家在判定一个理论是否自然时有着非常明确的标准。任何好的物理理论都有一组数 —— 自然常数，至少在特定模型的适用范围内是如此。如果一个或多个这样的常数过大或过小，我们会认为这个模型不够自然。尤其是我们不知道大自然是否给了我们一些线索，让我们能够了解所看到现象背后的物理，即我们据以解释这些过大或过小常数的更简单的概念。

不自然常数的一个明显的例子是真空能 —— 真空空间的能量密度。我们习惯于认为能量与某种物质形式 —— 粒子或辐射或运动 —— 相联系。但在广义相对论 —— 爱因斯坦的时空理论 —— 里，能量是空间本身所固有的结构。我们怎么知道这一点的呢？因为根据爱因斯坦理论，每一种能量形式都对空间的扩展有贡献。真空能 —— 其密度保持不变，而普通物质和辐射则是耗散性的 —— 对宇宙的膨胀给予持续的冲击，导致遥远的星系离我们加速而去。实际上在1998年我们就已检测到宇宙膨胀的这种加速现象，它表明真空能的这一假说性概念是真实存在的。

但它不是那么自然。问题不在于真空能概念本身，而是真空能的大小不足以解释这个加速度：它远远小于应具有的值。我们可以将自然界其他常数 —— 光速、牛顿的万有引力常数、量子力学的普朗克常数 —— 的测量值组合起来来预测真空能应具有的值。结果发现这个值约为$10^{112}\,erg/cm^{-3}$。如果说它看起来像个大数，那算没说错，因

为测量值只有约 10^{-8} erg/cm^{-3}。两个原本应该相等的数相差了 10^{120} 倍（10 后面跟有 120 个 0）。这是怎么回事？

也许宇宙一直在告诉我们一些东西。观察到的真空能似乎小得很不自然，但顺便说一下：如果这个值大很多，那我们就不可能在这里观察它了。如果真空能的值接近于其"自然"值 10^{112} erg/cm^{-3}，那么空间加速膨胀的惊人速度将使单个原子都会被撕裂，就更不用说行星、恒星和星系了。

因此也许我们只是运气好，或者说也许是运气相当不好 —— 我们观察到的真空能的值之所以非常之小，就因为我们生活在宇宙的一个不寻常的部分里。

可观测宇宙 —— 我们看到的我们周围的那部分 —— 在非常大的尺度上似乎显得极为相似。在数十亿光年的空间区域内，星系密度差不多相同。但是我们看不到整个宇宙，因为光传播的速度有限，因此我们可观察的范围有一个限度。在可观察视野之外，宇宙可能会无限伸展，未必是统一的。事实上，局部得出的物理学定律和自然常数可能会逐渐不同。想象一个打满补丁的宇宙 —— 在每块补丁之内，条件和参数是统一的；但各块补丁本身则彼此完全不同。我们会发现，我们只是处在一块好客的补丁上。也许真空能的值在我们看来显得不正常是因为我们看到的只是整体的一个明显不具代表性的部分，宇宙从整体上说就像任何人希望的那样是非常自然的。

或者 …… 也许不是。这种人存推理 —— 试图根据由更大的、不可观测的"多元宇宙"理论得出的选择效应来解释可观测宇宙的不寻常特征 —— 使得很多人感到不舒服，如果不说是完全反对的话。一方面，大量引用不同层次物理学局部定律来解释区区几个数字似乎并不十分经济。其次，我们很难知道这些推理是否正确。多元宇宙看似解释了为什么这样的条件允许我们存在，但问题是是否存在这样的多元宇宙。如果自然常数不符合我们的存在，我们同样不可能在这里深入思考这些事情。具有不同局部物理学定律的补丁空间拼成的宇宙可以给自然参数的不自然一个解释；还有一种解释是，物理学定律是独一无二的 —— 而且恰好与智能生命的存在兼容。在这两种解释里，我们到底该选择哪一个？

我们这个可观测宇宙的另一个不寻常特征 —— 大爆炸 —— 提供了一种可能的线索。宇宙学家们在两种不同意义上运用这句话。大爆炸本身是指宇宙诞生的奇异时刻，而大爆炸模型则是一种假设，用来描述我们的宇宙从最初的炽热、致密状态到我们今天看到的冷却了的、膨胀着的状态的演化。对宇宙史上极早期所发生的事情我们知道得很少，因此对大爆炸时刻的描述纯属推测，但宇宙从极早期到今天的演化是相当清楚的。因此大爆炸模型有坚实的经验基础，尽管大爆炸本身对我们来说还只是个占位符。然而，正如粒子物理学里的标准模型那样，大爆炸模型在数据拟合上的成功并不意味着它在自然性方面不存在棘手的问题。

现代宇宙学里不为公众所知的难题之一是，我们不知道为什么早期宇宙看上去是那个样子。这里我们谈论的不是真空能问题里的自然常数，而是有关宇宙自身的结构。目前，这种结构看起来就像是一个由气体、恒星和暗物质（一种尚未被直接观测到，但其引力对银河系结构具有影响的物质形式）构成的稀薄、弥散的集合体，这种集合体聚合成散布在整个宇宙中的星系，并在真空能背景下演化。所有东西都处在不断膨胀和降温过程中，因此宇宙在过去要比现在更热、更致密。宇宙在过去也较为平滑，它是从几乎完全均匀的状态下开始演化的。自从140亿年前的大爆炸以来，物质受到引力无情的拖拽，逐渐聚集成恒星和星系。就我们目前所知，宇宙还将继续膨胀下去。星系将分离得越来越远，当所有物质弥散到虚空之后，宇宙最终将再一次变得完全平滑。在遥远的未来，宇宙将是一锅基本粒子稀粥，所有粒子将变得越来越冷，分离得越来越远。

这个故事的一个十分明显的特点是：宇宙的过去非常不同于未来。早期宇宙是炽热和致密的，而晚期宇宙则是寒冷和稀薄的。好……那为什么会这样呢？事实是，我们不知道。

我们对宇宙的过去和未来之间区分的认识是如此根深蒂固，以至于似乎并不需要多做解释。像鱼儿无视水的存在，我们几乎从不在意时间不对称——所谓时间之箭——这一深刻谜团。但它却是我们局部物理环境的最突出的特点。我们可以将鸡蛋变成煎蛋卷，但我们不能把煎蛋卷变回鸡蛋。我们可以记住过去但不能记住未来。任何看过电影倒片的人都知道，时间根本不可能倒转，否则事情很快就会变得荒诞不经。在我们的局部环境动力学里，过去和将来之间不存在对称性。令人费解的是，物理学基本定律却存在这样的对称性；它们在时间上向前和向后同样有效。如果物理定律告诉我们过去和将来都是平等的，为什么我们的日常经验却告诉我们事情并非都如此？

时间箭头的起源，可以从我们早上吃早餐时打一个鸡蛋一直追溯到宇宙的开端。物理学家是根据熵 —— 对物理状态混乱度的一种量度 —— 来跟踪时间流逝的。如果你将某个物体集合分散开来，它们可以有任意多种无序的安排 —— 对此我们指定一个高熵值。但要将这些物体精确地排列起来则只有少数几种方法，这种有序排列的熵相对较低。一副有序的纸牌具有低熵，而洗好的牌则具有很高的熵。高熵结构，如果你愿意的话，要比低熵结构更自然，原因很简单，存在的高熵结构要多得多。

由于高熵结构更自然，数量也更多，因此孤立物理系统的熵总是随着时间推移趋于增加（或至少不减少）。这就是热力学第二定律，它也许是物理学最值得珍视的原理。第二定律确保了煎蛋卷不会自发地变成鸡蛋，鸡蛋的熵远低于煎蛋卷，因为组成鸡蛋的分子排列方式要比煎蛋卷的分子排列方式少得多。

但是，这只是故事的一半。虽然熵趋向于增加，因为高熵比低熵有更多的存在方式，但这并不能解释为什么当初熵很低。但事实就是这样。我们的宇宙的熵开始时非常小，此后不断在增大。想想看：我们的可观测宇宙在超过10亿光年的范围内包含了大量的粒子（准确地说，约为10^{88}个）。然而在早期，它们都以高温稠密等离子体形式小心地挤在非常狭小的空间区域里。这该多不自然！所有这些粒子彼此相距甚远地分散开来的方式要多得多，而这正是随着时间推移所发生的事情。与宇宙熵可能的取值相比，我们的宇宙目前的熵值处于中间。未来，熵将变得巨大，因为它显然更愿意这样，但在过去，熵值却非常小。

　　不仅是某些自然常数明显受到过微调，而且宇宙的早期状态也如此。宇宙为什么不一直处在一个高熵状态？没有明显的理由说明宇宙中的物质和辐射曾经非要被挤压在一起，它同样可以是永远处于稀薄弥散状态。但那样就没有时间箭头了，宇宙只能坐在那里，过去和未来没有任何区别，也不可能发生任何事情。

　　你可以想象一下这将会怎样。在一个真正高熵的宇宙里，什么都不发生，这其中就包含我们的生命。我们用来刻画生命的每一个特征 —— 代谢、繁殖、进化、记忆 —— 很大程度上都取决于时间箭头。生命，可以毫不夸张地说，是由熵增在时间上推进的。如果熵一直很大，也不增长，就不会有生命。我们可以用人存推理来解释大爆炸时的低熵吗？

　　不尽然。尽管存在人存推理本质上无法验证的担心，但它确实具有一定的逻辑：如果某种不自然的事情是生命存在所必需的，那么我们就应当观察到它经过足够的微调以便说明好客的宇宙，此外别无其他。这正是我们从真空能的观测值里发现的东西：如果它哪怕大一点点，我们就不会在这里谈论它了。

　　但熵的情况不同。早期宇宙不仅是一种非常特殊的结构，而且它的熵远低于用来说明我们的存在所需的值。我们的存在充其量也只需要我们在银河系里发现的环境。但银河系只是我们可观测宇宙中千亿个星系中的一个，那些所有的星系又以什么理由存在呢？特别是，为什么聚集成这些星系的物质不像真正的高熵宇宙那样均匀散布在整个空间呢？即使生命的存在需要宇宙有一个低熵的开端，但我们的实际宇宙在早期的微调值似乎没必要如此挥霍。

现在我们已经进入这样一种境地：我们不仅缺乏得到实验结果广泛支持的理论，甚至没有精心制定的假说。尽管如此，越来越多的宇宙学家正在认真对待大爆炸之前发生的问题。请记住，我们对大爆炸本身并不充分了解；我们倾向于把它看成是具有无限大密度和曲率的时刻，但事实是我们根本就不知道该怎么做。我们不知道该如何协调量子力学要求与广义相对论弯曲时空之间的关系。一旦我们知道该如何协调了，那么所谓奇点和禁闭等问题就可能通过变得平稳和连续而得到解决。越来越多的物理学家敢于对大爆炸之前的事情发挥想象力，认为我们的可观测宇宙可能有一个不可观察的史前史。

在这一史前时期，我们可能会找到对早期宇宙的微调过的低熵状态的一个解释。想象一个处于据称高熵状态的宇宙：寒冷而稀薄，所有粒子彼此分得很开。但要记住，还有真空能，因此，即使是虚空空间，也不是完全平静的。量子力学法则告诉我们，只要存在这种能量，真空就存在涨落。粒子不时地从无到有又从有到无，各种场时而显出统计上很难出现的结构。如果我们等待足够长时间，那么恰当的结构就会出现 —— 这就是产生一种全新宇宙的必要条件。物质和能量的短暂涨落可能会积聚于某个小区域，使得时空结构扭曲得恰好让空间与时间断开，并产生一个不连续的空间泡泡。这个泡泡能够膨胀和发展，最终冷却下来并冷凝成恒星和星系。这可能就是我们生活其中的宇宙。

换句话说，借助于大爆炸前的条件，我们或许能够解释大爆炸时的明显微调了的特征。也许我们看到的所有粒子最初都处在一个狭小致密的区域里，因为这样的结构更容易产生一个新的泡泡宇宙，而不是一开始就产生一个大的、稀薄的宇宙。我们的可观测宇宙的熵增以及相应的时间箭头可能是更大的多元宇宙无法通过产生新的婴儿宇宙来满足创造更大熵的欲望的一种反映。如果我们能够一览整个宇宙结构，那么一切看起来可能都很自然。

或者……也许不是这样。我们还是缺乏足够的资金将这种思想付诸检验。但有时我们必须孤立前行，提出并改进想法，然后才能够充分理解它们，知道如何对它们进行检验。在我们努力搞清楚这些想法会将我们引向何方之前，我们什么都不知道。宇宙当然想告诉我们一些东西，我们要做的就是竭尽所能搞清楚它说的东西。

第5章
暗能量到底是什么？

◎ 斯蒂芬·亚历山大

斯蒂芬·亚历山大（Stephen H. S. Alexander）

哈弗福德文理学院物理学副教授。2000年从布朗大学获得物理学博士学位，论文题目是"弦论和宇宙学之间的接口"。2000～2002年，他获得PPARC（英国粒子物理和天文学研究委员会）博士后资助，最近又获得了国家科学基金事业奖，并当选为国家地理新兴探索者。他的研究集中于尚未解决的问题——譬如宇宙数或暗能量等问题——这些问题将宇宙论、量子引力和基本粒子的标准模型联系在一起。特别是，他将宇宙学观测运用到构建和检验基本理论上。

物理学家知道，一切自然现象——以及大部分先进技术，如手机和全球定位卫星——都可以用两种物理学原理——量子力学和相对论——来给予解释。最初我们看不出这两种原理之间的联系，但现在通过强有力的和令人惊讶的方式已经证明，事实确实如此。在20世纪20年代后期，保罗·狄拉克和其他一些人发展了量子场的概念，它显示了如何将爱因斯坦的狭义相对论与量子力学结合起来来解释自然界中4种基本力中的3种——电磁力、弱作用力和强作用力。

尽管有这样的成功，但量子力学与爱因斯坦广义相对论（描述第

4 种基本力 —— 引力）的统一则尚未解决。学物理的学生一旦对广义相对论和量子力学的深远影响和魔力变得信心满满，他们就不禁会想象两者之间存在深刻联系。一些雄心勃勃的学生甚至可能决定将试图统一所有 4 种力作为自己的职业生涯。但是在本文里，我将说明 —— 不谈美学 —— 物理学界之所以被迫寻求统一是因为存在一种称为暗能量的看不见的奇异能量形式，它对广义相对论和量子力学均有深远影响。

今天的物理学状况非常像它在 20 世纪之交量子论和相对论曙光微露之前的情形。当时许多著名的物理学家认为，实验的目的只是彻底扫清细节，他们确信，掌管宇宙的物理学定律总的来说已经明了。美国第一个诺贝尔物理学奖得主阿尔伯特·迈克耳孙在 1894 年就明显持这种态度，他说："看来很可能宏大的（物理科学）基本原理已经牢固确立。"巧的是，还就得发明出量子力学和广义相对论才能解释这些"不起眼"的实验细节。面对暗能量问题的挑战，当今的物理学家应吸取历史教训，避免类似的假设。

迄今最为精确的物理理论当属量子电动力学（QED）。理查德·费恩曼的量子场论 QED 形式体系是量子力学和爱因斯坦狭义相对论的完美结合。量子电动力学方程可以给出由电子的量子自旋产生的细微的磁场值，它与实验测得的值之间的误差小到小数点后面 9 个零以后（相当于纽约和洛杉矶之间的距离测量精确到一根头发丝的粗细）。但其母理论 —— 量子场论（QFT），它将空间尺度小到万亿分之一厘米，大到复杂分子行为的（除引力之外）所有的物理学统一起来 —— 则要求存在这样一种能量形式 —— 暗能量，并且所做的预言与观察的偏差将小于小数点后面120个0之后！

暗能量本身是无法直接观察到的，它是已知的最令人困惑的物质形式 —— 是唯一一种其作用范围小到亚原子尺度，大到宇宙中最大距离的"东西"。我们在原子核深处和遥远的恒星运动中都发现了它活动的证据。它的普适性超越了包括爱因斯坦在内的伟大头脑的想象力。因为它如此难以捉摸，故暗能量还有各式各样的别称，其中包括宇宙学常数和真空能（我会交替使用这些名称）。本文将展示存在于我们的宇宙中的最小尺度和最大尺度之间的惊人联系。

我希望你能将充满宇宙的虚空空间想象成海洋。我们知道，海面上的小波浪会发展成海啸。暗能量就是一种在空间结构上具有波浪特性的物质形式。在亚原子尺度上，这些暗能量波表现为量子现象，这一点我稍后再作讨论。我们先来描述在广袤的空间上，或者说在宇宙尺度上，在爱因斯坦的广义相对论里，暗能量是如何展现的。

相对论宇宙学

广义相对论告诉我们，空间和时间并不共同构成一个固定的、空洞的物质和能量活动的舞台，相反，时空本身在对物质的反应中会变得弯曲。

空间为什么会有这样的表现？

爱因斯坦回答了这个问题。他向我们证明了用两种不同的方

式 —— 或者是加速，或者是引力吸引 —— 都可以产生质量。让我们回顾一下爱因斯坦的思想实验：在两部分开的电梯里各有一个人，他们无法看到外面。一部电梯里的乘客并不知道自己是在外层空间。起初，他自由飘浮着，但一旦电梯开始加速上升，他的脚就会踏在电梯的地板上，让他感觉到重量（质量）。另一个人则待在静止在地球上的电梯里，具有相同的质量感觉，这是由于地球引力的缘故。这个想象的实验导致爱因斯坦提出了等效原理，他称之为"我一生中最快乐的想法"。等效原理是说，非引力环境下的加速运动等效于静止在一个引力场中。两种完全不同的运动状态给出同样的质量感觉。让我们探索由此带来的后果。

爱因斯坦意识到，在运动的相对性背后有一个新的实在，它向我们展示了引力性质的神秘性：质量和引力都是空间弯曲的表现。正如他的狭义相对论显示了在所有参考系里光速不变一样，广义相对论说明了所有的运动状态（包括静止状态）都是相对的，只有时空本身在存在物质或能量的情形下可以弯曲这一点是绝对的。

两部电梯里的乘客的经验可以用等效原理来解释。与运动电梯有关的能量使空间弯曲，从而使电梯加速。同样，地球的质量使空间弯曲，从而产生吸引性的引力。广义相对论的最终结果是，重力作用不需要背景空间，而是由它定义了背景空间。与此相对照，我们来考虑磁力，这种力是通过两个磁铁产生的磁场施加的，需要空间来扩展。同样，引力场具有引力，但性质上不同于其他的场，它不需要背景时空，它本身就是背景时空。

广义相对论适用于描述整个宇宙的空间和时间的行为，正像光速对于任何地方的观察者都相同一样。物理学家们试图用广义相对论来了解存在物质和能量情形下的时空结构和行为。已有的时空结构会影响到物质和光的运动。在某些情况下，譬如黑洞，空间可以弯曲到使得光无法逃脱。广义相对论在解释和预言引力的新特性方面取得了前所未有的成功。但仍有一个暗问题有待设法解决。

宇宙学思想实验

这里有一个思想实验。让我们将我们的宇宙空间看成是一个巨大的气球表面。其表面上的每个点均与所有其他各点相同。将每个星系想象成气球宇宙表面上对应的静态点。如果我们知道气球上的点的物质分布，那么广义相对论方程就会告诉我们这个表面空间是如何变化的。通过运用哥白尼原理的简单假设——宇宙中的物质是均匀分布的，不存在优先的观察者——和广义相对论，爱因斯坦和苏联数学家亚历山大·弗里德曼各自独立地找到了一种解释宇宙时空大尺度行为的解。他们发现，宇宙中的物质有一种吹气球的效应：使它膨胀。他们的方程解与哥白尼原理是相容的，但令人吃惊的是空间不具有静态性质（和观测偏差）。当时，宇宙的膨胀还没有被观测到，因此，他们的解似乎是一种错误的预言。

每个优秀的物理学家都知道在这种情况下如何拯救广义相对论——那就是插入"任意因子"以保留理论中好的部分，同时剔除不想要的部分。爱因斯坦认识到，他可以在他的方程中引入一个常数——宇宙学常数——来消除扩张或收缩，从而使宇宙保持稳恒态。

1924年，天文学家埃德温·哈勃发现，宇宙确实在不断膨胀，于是爱因斯坦愉快地取消了这个宇宙学常数，但后来他将这一举动称为他一生中"最大的错误"。他哪里知道，这之后人们从物理上认识清楚了，这个任意因子的行为恰像一种不可见的、均匀充满整个宇宙的奇怪流体：这就是难以捉摸的暗能量。

爱因斯坦方程所描述的膨胀的宇宙准确地预言了宇宙的年龄为140亿岁。在零秒时刻，宇宙从一个奇点显现为一个致密的、辐射占主导地位的时代，随着宇宙的冷却，辐射蜕变成轻元素（从氢到锂），并由它们聚合成最初的恒星和星系。这种相对论宇宙学模型被称为标准的大爆炸图景，但是尽管它取得了巨大成功，但却不能解释哥白尼的均匀性原理为什么能够成为各种复杂结构——我们在夜空中看到的星系和星系群——的基础。但至少宇宙学常数问题暂时解决了。

后来，到了1998年，宇宙学家索尔·珀尔马特（Saul Perlmutter）、亚当·利斯（Adam Riess）和布赖恩·施密特（Brian Schmidt）望着遥远的所谓超新星爆发的恒星运动，意识到从哈勃观察得出的宇宙均匀膨胀的结论在大尺度上——这个尺度要比哈勃当时能够观测到的更大——是不正确的。他们发现，宇宙膨胀呈加速状态。在试图解释什么样的东西会导致这种加速的过程中，宇宙学家很快找到了罪魁祸首：这就是宇宙学常数。事实上，宇宙学常数似乎是唯一既能够解释珀尔马特等人的观测结果，又能够说明诸如星系形成和维持等其他观测上难题的原因。宇宙学常数，现在更恰当的称呼叫暗能量，已不再是任意因子，它的真正来源和性质是当今整个物理学所面临的必须解决的问题。

在大尺度距离上，与引力比起来，电磁力和两种核力已无关紧要。现在我们有观测证据表明，暗能量 —— 一种无所不在的、均匀分布的、排斥性的物质 —— 作用于引力形成了空间加速的结构。问题是没有任何已知性质的其他物质具有这种使空间本身相斥的性质。暗能量具有所有亚原子粒子普遍具有的量子特性 —— 天生就具有负压和正能量特性（负压可以看成是蹦床将孩子反弹到空中的推力）。

然而，广义相对论并不能令人满意地揭示出暗能量的这种性质及其来源。到目前为止，它能说的只是虚空空间可以有恒定的能量，这种恒定的能量能构成加速宇宙膨胀的斥力。尽管如此，广义相对论对有或没有宇宙学常数都可以满足了。我们对物质和能量的最准确的理解是在量子场论的亚原子领域。量子场论中的虚无或真空概念可以帮助确定这种恒定能量的来源。

感知场

实际上，比起其他东西来，我们更熟悉场。我们听到、看到、感受到它们。光、声和热用场来描述是最恰当的，因为它们在特定区域上具有一致性。由于其扩展性，自然界的所有4种基本力都是以场的形式存在的。例如，带电粒子向外辐射电场来吸引带相反电荷的粒子。爱因斯坦正是因为证明了光辐射可以从金属中打出电子而获得了诺贝尔奖，由此他建立了电磁场的类粒子性质。因此，场可以是粒子。但粒子可以是场吗？

另一种思想实验。想象一条河床在瀑布处中断的河。大部分下泄的水构成连续的瀑布，但总有些水滴溅出瀑布外。一小部分会蒸发掉，但大部分的水会在瀑布底端重新汇成溪流。量子场论就可以类比为瀑布。让我们考虑将电子本身作为一个场，这个场弥漫到空间任何地方。像水滴一样，电子最终会作为一个粒子回到它的母电磁场。

在量子力学与狭义相对论得到统一之后，量子场论做出了两个重要的预言。首先，场是存在于真空（即没有粒子的空间）中的基本客体。我们可以将河流看成是场的真空态。粒子可以从真空中产生或湮没，就像水滴可以离开随后又返回到瀑布。保罗·狄拉克发现量子场论有一个惊人的结果：反物质。他的理由是：既然真空状态是最低的可能的能量状态，因此粒子不可能自发产生，除非同时产生出其反粒子。

业已证明，真空中物质和反物质的自发冒泡会产生静电力，就是引起两片金属相互吸引的那种力。真空的这种量子特性称为卡西米尔效应，它是真空能存在的直接证据。现在我们用一句精辟的话概括一下：真空能量的性质其实就是暗能量的量子表现。当我们将这个能量看成是存在于虚空空间的每一个点上时，我们必然得出这样的结论：它对宇宙的贡献是一个接近于无限大的宇宙学常数，这将导致宇宙瞬间暴胀开来，其速度远远超出珀尔马特及其同事观察到的结果。根据量子场论，真空能是无限的，但我们可以在不影响核物理有用的预言前提下减去它，在核物理里量子场论可谓几乎完全有效。

在量子场论中减去几乎无限的真空能的可行性类似于降低海平面。如果你坐在海洋中的一条船上，你会感觉到海浪的上升和下降；

但如果世界上的海洋在不断流失，这你就感觉不到了。你只能感觉得到作用在你船上的表面波。巨大的真空能就像大海的相对高度，可以被扣除掉而不会影响到量子场论的好的预言和在实验上的成功。我们在实验室测得的真空能的任何效应，就如同摇动船的波，需要将这种无限大的部分减去。

回想一下，广义相对论指出，所有能量和物质，无论其形式如何，都会对时空结构产生影响。因此暗能量也必然会作用在引力上，以极其巨大的速度产生越来越多的虚空空间。我们的宇宙目前的加速性质与这种预期是相符的。虽然量子场论 —— 在亚原子物理学描述方面最为成功和技术上最有用的理论 —— 告诉了我们为什么必然存在暗能量，但它对引力的预言则令人尴尬。我们还能说量子场论是完全正确的吗？我们能认为真空能的确几乎是无限的，只是引力对它不敏感吗？如果是这样的话，那么广义相对论里一定缺失了什么东西。另一种可能性是量子场论和广义相对论在描述暗能量和真空结构方面都是不正确的。

在过去的半个世纪里，物理学家们一直为暗能量/宇宙学常数问题艰苦跋涉着。进展很是缓慢，虽然存在各种前景美妙的建议。我认为，我们必须公正地解决好广义相对论和量子化的两个基本原则才能找到解决方法。

新方向仍未可知

大多数被这个问题搞得灰头土脸的物理学家一致认为，要解决这个问题很可能需要我们对目前的图像进行重大改变。值得一提的是如下一些逻辑方向。

1. 量子场论没错，需要改变的是引力

假定我们在亚原子尺度上测得了暗能量，那么我们可以得出结论说广义相对论是不足的，因为它的结构中没有将量子物理学包括进来。从量子力学上说，真空是一切物质和反物质的湮没。而在广义相对论看来，物质与反物质之间没有任何区别，实际上反物质的存在甚至没有意义，只有物质、能量和曲率三者之间的关系是有意义的——至少宏观上如此。但加拿大物理学家威廉·乔治·翁鲁（William George Unruh）证明，量子场论下的真空状态依赖于观察者的运动状态；在一个观察者看来是无物质的真空状态在另一个观察者看来却是一锅物质汤。因此量子场论真空与广义相对论是有冲突的，后者给予所有观察者的运动状态以平等的物理基础。

问题有可能是量子版的引力对量子场恒常活动产生的大量的暗能量自然地"视而不见"。理论物理学家一直试图对量子理论进行修改以使其与广义相对论相容，后者则对真空能"视而不见"。这种修改是要产生一种"屏蔽"效应，但所有这些更改在宇宙学距离上都出现了问题，我们在大尺度距离上观察到了暗能量的作用。

2. 暗能量——表现得就像你的生命取决于它

通过用能量的振动弦取代基本的点状物质结构，弦论可以明显地

将量子场论与引力统一起来。在弦论里，弦的数学解可以给出物质和能量的不同形式有关的不同的振动模式，这其中包括引力子 —— 一种与引力相伴的粒子。但是，这种让人折服的终极统一图像是有代价的：那就是我们应该考虑的暗能量，我们自己在宇宙中的位置，甚至我们所说的宇宙到底是什么意思，所有这些基本图像都可能需要改变。

除了将广义相对论和量子力学成功地统一起来之外，弦论还认为真空解可以有可数个无穷大，每一种给出多元宇宙中不同宇宙各自不同的暗能量值。一些权威弦论专家认为，如果这样的多元宇宙足够大，那么所有这些解都可以在空间遥远的某个部分实现，而我们就生活在其中一个部分里。诺贝尔奖获得者史蒂芬·温伯格证明，如果暗能量过大，它的斥性就会在大爆炸之后瞬间阻止轻元素坍缩成恒星和星系。然而事实是它们做到了这一点。这种论证就好比人存原理：我们恰好生活在多元宇宙的这样一个部分里，它的暗能量值恰好允许生命存在。这一原理可能为弦论找到一个归宿，并将改变我们对真空的认识 —— 不同的真空可能会产生具有不同物理定律的不同宇宙。弦论家和数学家正在为实现这项建议而努力工作。

未来的方向：相对还原论

物理理论演变的伟大经验是，新模式涵盖的范围比其前辈理论更广泛。毕竟，牛顿定律在大多数可观测情形下完美地描述了引力。这些定律可以从广义相对论推演出来，而广义相对论效应却很难在我们的太阳系里看到 —— 只有水星在近日点微小的"异常"运动是个例外，这时太阳的引力场非常强大。量子场论也同样如此。我们不妨将量子场想象成宇宙电脑屏幕上的像素，就像我们看屏幕时忽略像素一样，量子场论给出的是宏观距离尺度上看到的宏观物体（树木、奶牛和汽车等）的正确图像。

　　一种日益清晰的认识是，我们看到的物质和能量越是服从相对论，新出现的基本粒子就越多。但这些粒子确是基本的、不可分割的实体吗？坚持我们偏爱的还原论立场 —— 即相信这些新粒子是不可分割的 —— 就是坚持物质和时空的内在分离性。而暗能量告诉我们的是，我们必须正视这种偏见 —— 我们必须将真空看成是相对的而不是绝对的实体；我们需要将真空的量子概念相对化。

　　大自然给了我们一个提示。暗能量在引力效应占主导的大尺度上才起作用，但矛盾的是，根据量子场论，它在亚原子尺度上应当接近于无限大，而在此情形下引力似乎不起任何作用。正如我已经指出的，在越来越小的距离尺度上，我们发现有越来越多的新的基本粒子。但在宏观尺度上，量子效应可能正相反 —— 就是说，基本粒子（譬如说电子）能够集体表现得像一个新的实体，我们把这叫作"突现的量子现象"。超导电性和超流性质就是这样的例子，在这些突现的物理现象里，集体行为是最本质的。

　　按照爱因斯坦告诉我们的思路，宇宙真空应当对任何观察者的运动状态保持一致，同时还展示出我们观察到的广义相对论的质量−能量和时空曲率关系。然而，观察者自身也是个问题，这个问题是由于这种虚空空间而生出的。关于观察者的定义在量子场论中和在广义相对论中是不同的。物理定律的这两种图景 —— 突现论与还原论 ——

之间始终存在着一种无言的紧张关系。试想如果观察者，譬如我们前面说的电梯里的乘客，只是新物理学的一个不同的侧面，那么暗能量问题怎么可能消失？

　　按照这种观点，基本粒子的概念 —— 或观察者概念 —— 就不是绝对的。也许我们在亚原子尺度上看到的所谓基本粒子实际上是空间结构本身的一种量子突现。在一个观察者看来是基本粒子的东西在另一个观察者看来却是一种突现现象。根据这种观点，一种新的相对性原理不仅将运动看成是相对的，而且基本粒子（及其相关的真空）的概念本身也是相对的。这样做的物理结果是，物质可以产生空间，空间弯曲本身也可以产生物质。我们在亚原子尺度上预期的几乎是无限大的暗能量实际上可能是大尺度上突现的时空物质的产物。这种可能性甚至能够最终解释另一个观察到的有关星系的神秘现象，在过去的半个世纪里它一直让天文学家迷惑不解：必定存在看不见的"暗"物质才能保持星系不分崩离析。

第 6 章
青少年中社会脑的发展

◎ 莎拉-杰恩·布雷克摩尔

莎拉-杰恩·布雷克摩尔（Sarah-Jayne Blakemore）

曾获牛津大学实验心理学荣誉学士学位，2000年获伦敦大学学院博士学位。目前她是伦敦大学学院认知神经科学研究所英国皇家学会大学研究员。

布雷克摩尔的研究以社会认知神经科学为中心。在伦敦大学学院，她的小组采用各种行为研究方法和影像学方法来研究青春期的智力发展、行为理解和执行功能等。他们研究的第二个重点是自闭症患者的社会认知缺陷。布雷克摩尔是《学习脑：教育课程》（Uta 第五版）一书的合著者。

几十年前，很多人很难相信大脑在幼儿期之后会发生深刻变化。有些人甚至认为，我们的大脑在3岁时就基本固定了。现在，利用当代脑成像技术，科学家们在最近的研究中发现，人类的大脑在童年之后的很长一段时间里确实还在变化。某些大脑区域——特别是额叶前皮质（PFC）——在青春期甚至之后仍然在发展。额叶前皮质与大范围的认知能力——包括计划和决策——有关。它也是社会脑的一部分，所谓社会脑是指与理解他人有关的脑区网络。

自从20世纪50～60年代以来，动物（啮齿类、猫科和灵长类）

实验使我们对大脑的早期发育有了很多了解。一个主要的发育过程影响到神经元或脑细胞的"线路"—— 即构成突触之间连接的复杂网络。在大脑发育的早期，脑开始经历突触发生，即新突触的形成。显然，婴儿大脑的这种连接数目大大超过成人水平。这之后是一个突触淘汰期 —— 或称修剪期 —— 这时过剩的连接会消亡。

　　动物研究表明，突触修剪会受到动物经历的特定环境的影响。经常使用的突触得到加强，而不经常使用的突触被淘汰。突触的修剪很像玫瑰的修剪：剪去弱枝可以使剩下的分枝长得更强壮。差不多同一时期的研究还表明，生命早期的脑发育有一个关键期，在此期间动物需要接触到大脑正常发育所需的感官刺激。早期的动物实验表明，这些过程大部分都发生在3岁左右，至少猴子大脑感觉区域的发育是这样。

　　在此研究的基础上，教科书常常认为，人类大脑发育的关键阶段出现在生命的前3年，因此，在此期间应给予儿童各种学习经历。但是，这种说法忽略了这样一个事实：猴子的性成熟年龄在3岁，此后不再经历人类所具有的扩展了的发育期。事实上，20世纪70年代和80年代所进行的研究表明，人类的突触生长期和突触修剪期与猴子的不同。

　　在20世纪70年代，芝加哥大学的彼得·胡滕洛赫尔（Peter Huttenlocher）收集了各年龄段人死后的大脑，结果发现，儿童的额叶皮质与青少年的明显不同。而脑感觉区的突触数量在童年中期达到成熟水平，额叶前皮质的突触数量则继续增加，然后在青春期开始下降。

胡滕洛赫尔的发现已在最近的利用非侵入脑成像（譬如磁共振 MRI）技术对活的人体对象的研究中得到证实。这些研究表明，皮质的一些区域，特别是额叶前皮质，将在生命的前二三十年经历重大变化。[1]

利用磁共振扫描技术，人们已检测到两个主要的发育变化。首先，包括额叶前皮质在内的某些大脑区域的白质体积增大，这种增大过程会持续整个青春期直到 20 岁以后。白质是由轴突——一种将一个神经元的电信号携带到另一个神经元的长纤维——组成的。轴突看上去发白是因为它们覆有一层称为髓磷脂的白色脂肪物质，这种物质起着绝缘并加快轴突信号传输速度的作用。这意味着，轴突持续积累髓磷脂会长达几十年，从而加快大脑有关区域处理信号的速度。

人类大脑在青春期的第二个变化是额叶前皮质中灰质体积的减小。灰质是由神经元胞体和与其他神经元形成突触的触须样的连接体组成的。灰质发育的模式被理解为特定大脑区域中突触数量的变化的反映。

对青少年的影响

大脑的持续发育对青少年有什么影响呢？青春期是生命中以变化为特征的阶段——这是一个生理、心理和社会角色从童年向成年过渡的时期。在青春期开始时，随着青春期的到来，激素水平发生急

1. A. W. Toga et al., Mapping Brain Maturation. *Trends in Neuroscience.* **29**, no. 3（2006）: 148–159.

剧变化，生理相貌也相应地改变。生命的这一时期还有一个特点，就是与情绪、自我意识、认同感和与他人关系等有关的心理变化。但最近的神经科学的研究表明，刚才所说的激素本身并不能说明这些心理上的变化。额叶皮质的发育对社会认知的影响是什么呢？

心理成熟

理解他人包括根据对方的心理状态（意图和愿望）来理解他们的行为，这个过程被称为心理成熟。脑成像实验和对脑损伤患者的研究表明，心理成熟依赖于所谓社会脑这个区域的网络。[1]

心理成熟的早期发育方面已有丰富的文献。社会能力的迹象——譬如面部识别和对他人情感的认同——早在婴儿期就已发育，这些早期的社会能力先于全面的心理成熟，后者是指能识别他人的信念，包括他们的错误信念。在典型的错误信念研究中，孩子被要求回答"萨莉"在哪里能找到她放在某个地方但在她不在房间时被"安妮"挪走了的玩具。理解萨莉不可能知道玩具的新位置的能力依赖于受试者区分萨莉的错误观念和现实的能力，大多数4~5岁的儿童都能通过这一测试。[2]

虽然心理成熟的早期发育已得到深入研究，但对儿童期之后阶段的社会认知能力发展的实证研究却少得可怜，这也许是因为大多数

1. C. D. Frith and U. Frith, Social Cognition in Humans. *Current Biology* **17**, no.16（2007）: 724–732.
2. J. Barresi and C. Moore, Intentional Relations and Social Understanding. *Behavioural and Brain Sciences* **19**（1996）: 107–154.

4～5岁的孩子甚至可以通过相当复杂的心理成熟测试的缘故。然而，作为心理成熟基础的大脑结构（包括内侧额叶前皮质）却在儿童期之后阶段经历了充分的发育。

最近的一些脑成像研究着眼于青春期社会脑的功能发育。有迹象表明，从青春期萌发到成人期开始的这段时期里，尽管心理成熟的负担在减小，但内侧额叶前皮质仍有活动。例如，最近的功能性磁共振成像（fMRI）研究运用反语理解力测试调查了人际沟通意图的发展。该实验的前提是，正如了解别人的心理状态需要具有将现实与信念分开的能力一样，理解反语要求能够将文句的字面意思与其实质意义分开。实验扫描了年龄在23～33岁的12位成年人和年龄在9～14岁的12个孩子的内侧额叶前皮质。结果发现，儿童的内侧额叶前皮质要比成年人的更多地参与完成这项任务。文章作者解释说，儿童内侧额叶前皮质活动的加剧反映了他们需要将一些线索整合起来来解决讽刺语句中字面意思与实质意义之间的不一致。[1]

在最近的关于思考自己意图的功能磁共振成像研究中，儿童的内侧额叶前皮质的类似区域的激活强度较成年人的相应区域为高。思考按你自己的（或他人的）意图行事需要心理成熟。实验在由19个少女（年龄范围：12～18岁）组成的少女组和由（22～38岁）成年女性组成的成人组之间展开，她们被要求就设定的意图和行动方案（例如，"你想了解剧场在演什么戏。你在看报纸吗？"）进行回答。在思考这些意图时，青少年的内侧额叶前皮质比成人的更活跃。这一区域的活

---

1. A. T. Wang et al., Developmental Changes in the Neural Basis of Interpreting Communicative Intent. *Social Cognitive and Affective Neuroscience* 1（2006）：107–121.

动随着年龄递增而下降，这表明在思考意图等问题时，青少年的神经战略与成年人的是不一样的。[1]

在青春期可能会发生内侧额叶前皮质活动的降低，因为在青春期阶段额叶前皮质要受到突触修剪的微调，因此活动量的减少对于完成这一工作是必要的。另一种（或其他）解释是，心理成熟过程中认知战略会有变化，这种变化会导致对大脑其他区域的征用。青春期内侧额叶前皮质活动的降低，到底是由于新的心理成熟战略引起还是因为修剪突触联系引起还有待观察。

对社会的影响

这种研究对社会的影响是什么呢？

首先，它质疑了这样一种观念：为了优化大脑发育，对婴儿给予额外刺激和早期正规教育是必需的。这项研究表明，人类的大脑的可塑性可长达几十年。

第二，青春期脑的明显转型表明，仅靠激素变化并不能说明典型的青少年的行为。

第三，青春期发生的突触重组很可能受到环境的影响，正如早期的突触修剪那样。目前这还是纯粹的猜测，但如果属实的话，就可以

---

1. S. J. Blakemore et al., Adolescent Development of the Neural Circuitry for Thinking About Intentions. *Social Cognitive and Affective Neuroscience* 2 no.2（2007）：130-139.

由此推断青少年有过什么样的经历。伦敦大学国王学院精神病学研究所的罗宾·默利小组最近在《英国精神病学杂志》的研究报告暗示，经常吸食大麻的青少年比那些不吸食大麻的青少年更有可能在成年初期罹患精神分裂症。一种可能性是大麻影响青少年时期的大脑发育。

此外，青春期社会认知的发育还有可能存在性别差异。大脑发育是如何与激素变化相互作用的，以及这种互动如何影响社会认知，这些都尚未得到评估。青少年的脑发育问题是神经科学中一个新的迅速发展的领域，我们还只是刚刚开始理解。

第 7 章
观察大脑的互动

◎　**贾森·米切尔**

贾森·米切尔（Jason P. Mitchell）

哈佛大学的社会认知和情感神经科学实验室主要研究员，在那里他运用功能神经影像（fMRI）技术和行为方法研究知觉是如何推断他人的思想、感情和观点的。1997年米切尔获得耶鲁大学学士学位，之后获硕士学位，2003年获得哈佛大学博士学位。他目前是哈佛大学心理学系助理教授。他也一直是达特茅斯学院和哥伦比亚大学的客座教授。他还是《社会认知和情感神经科学》杂志的顾问编辑和《神经影像与皮质》杂志的副主编。

对于不了解智人的人来说，智人似乎肯定是最不可能主宰地球的物种。与大多数其他陆生哺乳动物相比，人类显得过分瘦弱。我们没有锐利的爪子和獠牙，我们不是特别敏捷或强壮，我们没有特殊的身体适应特征让我们能够飞行，或毒杀潜在的敌人，或用变色体表来伪装自己。对于一头饥饿的狮子来说，这种无毛体弱、直立在草原上的人猿，一定是麻烦最少的午后点心。

然而，尽管有这些明显的身体上的弱点，人类却是地球上无可争议的主人——至少暂时如此。通过驯化数百种动植物，我们一直与这些物种共同生活，我们对数百种其他动植物的灭绝负有责任。我们的技术在不断改造着地球本身 —— 土地、海洋和大气。我们差不多占领了地球的各个角落，连其他生物很少甚至根本不能停留的地方都布满了人类的足迹，如南极和低地球轨道。

我们这种看似脆弱的灵长类是如何征服地球上其他物种的呢？答案当然是，自然选择让我们配备了比利爪和獠牙更可怕的器官：人类的大脑。

大脑由100亿个神经元组成，每个神经元平均每秒钟都能与上千个其他神经元交换信息，成人的大脑是宇宙中已知的最复杂的东西，是一台生物超级计算机，其运算能力让我们有生以来见过的最先进的硅芯片计算机相形见绌。正因为我们的大脑有海量的计算能力，人类才能够超越装备有各色武器的其他生物物种。

然而，我们这颗惊人的大脑究竟是怎样为我们提供了物种优势呢？与利爪、翅膀和剧毒的獠牙不同，我们的大脑并不与我们周围的环境有直接的互动。（如果你突然发现你的头脑与周围物体发生了接触，那么可以放心地说，事态已经非常严重了。）相反，我们的大脑是生物界里最尊贵的主角，处在半英寸厚的骨质铠甲之后，贪婪地吞噬着超过人体20％的能量。既然大脑不直接影响到它周围世界的变化，它是如何让我们在适应性方面超越其他生物的呢？

与大多数其他适应性不同，大脑需要一个翻译系统，其作用就是将它唯一的生理功能 —— 神经元的电化学发射能力 —— 转变成身体动作，例如语音和工具制作。我们就是靠这些动作来支配我们周围的环境的。在21世纪里，我们大多数人都熟悉类似的翻译系统：将计算机处理器的物理动作（二进制二极管的电开关）变换成计算机其他物理动作（如将显示器屏幕上的色点排列成有意义的文字或图片）的操作系统和其他软件。人类大脑使用的是一种特殊的翻译系统，叫作思想，它可以定义为这样一种算法：一组身体动作由大脑映射为另一组不同的身体动作。

描述这些算法的科学分支叫心理学，其最终目标是要将所有子程序和其他处理步骤整合起来。人就是靠这些处理步骤将来自环境的物理信息（可见光的光子，空气的振动波等）转化为其头脑内的生理表示（神经信号），然后再将它转换成对环境的实际行动（动作、语言和其他可观察行为）。

例如，视觉。人类的感知系统包括一整套处理步骤：以某种方式将光子留在视网膜上的两维图像转变成对我们周围存在的、三维空间里多彩的、有质感的物体的神经体验。要想切实意识到搞清楚这些基本功能有多么困难，是多么巨大的计算上的挑战，还真得花上一些时间。有个说烂了的（可能是杜撰的）故事，说的是马尔文·明斯基（人工智能领域的奠基人之一）被指派来给夏季讲习班的学生讲授视觉计算问题。30年后，我们仍然在努力确认这种引导基本知觉和运动系统的翻译算法，以及人类精神舞台上出现的这些独特行为，例如，语言、推理、形形色色的社会思想。

直到大约20年前，我们关于大脑如何产生意识的大部分知识还依赖于对因中风或头部受伤而造成特定脑损伤的病人的研究，或来自对非人类动物实验的初步推断。然而，最近开发的功能成像技术和虚拟损伤技术终于使研究人员可以在大脑处理信息的同时来研究活动着的、健康人的大脑。这些技术包括功能性磁共振成像（fMRI）方法，它的前身 —— 正电子发射断层扫描（PET）技术以及新近的近红外光谱学（NIRS）技术等。现在，当受试者执行特定任务时，这些方法已经可以让研究人员准确指向具体部位，看到这些部位代谢活动的增强（例如血流加快）。此外，更奇特的技术 —— 譬如像经颅磁刺激（TMS）技术，即用迅变磁场产生皮质功能上的短暂电扰动（虚拟大脑损伤）—— 使得研究人员可以对特定大脑区域的功能暂时失去的情形下人能够做什么和不能做什么的行为进行分类。这些技术已大大加快了我们对人类意识活动的科学理解，允许我们直接看清精神活动所基于的底层硬件。

关于脑的两个假设使得这些新颖的脑成像方法可以被用于人类认知方面的研究。首先，我们一般假定不同的脑部区域有不同的处理程序组合 —— 也就是说，不同的大脑区域可能运行着明显不同的意识子程序。其次，大脑区域被认为只能进行有限次数的运算处理，也许只是一种特定类型的计算。这两个有效的假设允许我们有力地看穿意识的组织结构。

例如，研究人员感兴趣的也许是这样的问题：我们感知和识别他人的脸（譬如"这是约翰·屈伏塔！"）是否与感知和识别无生命物体（譬如"他穿的是白色休闲服吗？"）时依赖于相同类型的信息处理机制。事实证明，这两种心智能力分属于相邻但却不同的大脑区域。这表明，不同的认知过程 —— 输入信息的不同转换 —— 发生在光子作用于人的视网膜的时间点与人感知人脸或无生命物体后形成意识经验的时间点之间。另一方面，如果人对人脸或无生命物体的知觉依赖于同一大脑区域的运作的话，那么研究人员则可能由此推断出，介于视网膜和人对看到的东西的理解之间的信息处理属于同类性质。如果这两个假设被证明都不正确——例如，假定不同的脑区经常执行着相同的心理活动——那么大脑成像技术将向我们证明，心理学研究的意义极为有限。幸运的是，迄今为止，心理学家有理由相信，大脑像其他机器构造一样，是由完成专门的、各不相同的功能的各个部分组成的。

正是通过这种方式，神经影像学揭示出好些意想不到的人类心理特征——这些特征以前都未曾得到过足够的重视。例如，我们回忆过去的事情，就似乎不是一种单一的整体性操作，而是可以分为几种不同的处理机制。大脑对事情的记忆牵涉到哪些区域取决于被记住的是什么信息（面部、文字、位置等），你是需要回忆事情的具体细节还是仅仅是它的概貌，以及这种记忆编码搁置了多久。另一方面，神经影像学研究表明，一些我们认为彼此不同的心理体验实际上却依赖于相同的信息处理回路。例如，凭空想象一个对象（譬如猫的耳朵此刻是竖着还是耷拉着？）时所涉及的视觉处理区域就与你对现实世界的感知（即实际看到你面前的猫）时涉及的区域相同。神经影像学显示，某些我们感到属于单一的心理体验实则包括多个处理过程，而另一些感觉到明显有别的心理体验则依赖于相同的处理区域，这迫使心理学家必须对建立在直觉基础上的现有理论的许多方面和理论结构进行重新考虑，这些理论都是在我们能够如此轻易地检验意识活动的神经硬件基础之前建立的。

脑成像技术对心理科学的最出乎人们预料的贡献，也许是让我们对社会性思维在人类精神活动中的中心地位问题突然变得重视起来。虽然就我们具有无与伦比的、灵活的、新颖的推理能力这一点而言，主要应归功于智人阶段的成功进化，但是人类这个物种的出现，其最根本的进步却不在于个体的意识能力，而在于掌控众多个体能力的能力。事实上，人类行为的广度和复杂性——包括我们对当代世界的主宰——主要是靠这样一些机制来支撑的：这些机制使我们能够将人群组织成相互协作的各种组织，来实现个人不可能完成的目标。设计、建造并驾驶一架飞机，砌一幢楼房或一个国家的政府运作，无不需要众多的人参与。

为了将众多个人的行为拧成一股绳儿，人的意识至少必须具有两种特殊的处理能力。第一，希望能够与他人的想法进行协调的能力。我们必须有办法了解他们心中想的是什么——也就是说，要有这么一套程序，我们能够用它推断出周围的人在想什么、感受什么；他们的目标、欲望和偏好可能是什么，以及他们区别于其他人的个性特征和气质。换言之，我们必须成为"读心者"，能够觉察周围的人的心理状态。第二，我们必须具备这样的能力，即不仅能够被动地推测出他人所想的内容，而且能够积极地影响他人的想法和感觉。了解其他人的心里所思所想的最可靠的方法是将自己的想法和感受植入他人心中。而人类就具有这种独特而强大的本领。人类的语言就可以看成是将自己的心理状态传递给他人的主要工具。人类是唯一可以直接通过指示来明确影响他人思想的动物。虽然其他灵长类动物可能也会试图操纵同类的精神状态（例如，通过欺骗），但它们似乎没有考虑过要在其他同伴的头脑中重现自己的心理状态。

社会神经科学这一新兴领域的出现表明，这些人际交往能力为人脑赋予了一些意想不到的特点。自然选择设计了专门用于理解他人思想内容的专门区域。脑成像方面的几十项研究调查了大脑在从事需要考虑他人精神状态的工作（譬如"照片上的人看上去是不是很幸福？"）时的神经活动模式与从事非心理性刺激的工作（譬如"这个人的脸是不是对称？"）时神经活动模式之间的区别。这些研究发现，大脑中存在一系列偏好"读心"的区域：内侧额叶前皮质（位于前额紧后面，与鼻子成一线的区域）、颞顶交界区域（因其位于顶叶和颞皮质交界处而得名，位置在耳后和耳上方各约两英寸的地方）和内侧顶皮质（头盖骨的紧下方）。事实上，对这些区域在人脑进行社会性思维时的观察结果可能是认知神经科学领域里最为一致的重要成果。

更有趣的是，这些脑区有着非比寻常的特点。当受试者静静地躺在MRI或PET扫描仪下不做任何具体思考时，他们的大部分脑部活动明显减少。但对脑区活动的识别发现，读心活动仍在继续。"社会脑"区域的这种持续性活动表明，人的大脑有一种琢磨别人思想的偏好。我们具有万事人格化的倾向，即将无生命物体或自然力设想成某种并不真正存在的思想的结果。这种倾向可能是这些大脑区域的社会性思考长期过度活跃造成的。人类的大脑似乎时刻准备着应付他人的思想，这种倾向使得我们感觉到这个世界充满了其他精神主体。

这些大脑区域的另一个不寻常的特点进一步强化了社会性思维神经的特殊地位：当一个人对精神以外的东西进行思考时，这些脑区往往停用。从事其他心理活动的脑区，当无需进行相应的特定信息处理时，一般来说看不出这种低水平的活动。例如，参与算术计算的脑区在你思考数字以外的东西时并不"关闭"，它们只是停止对超出其静止代谢率的刺激做出响应。但社会性思维的脑区却不是这样，它们在不使用时通常显示一种低水平的活动。社会脑区的这一特点——我们对此还知之甚少——表明，社会性思维可能是一种与其他类型信息处理不兼容的活动。也许我们的心理算法无法对存在的其他思想和非思维性作用对象（如数学运算或无生命的物体）同时保持警觉，但一旦出现非思维性任务时，则必须暂停以社会思维方式看待世界的倾向。试想如果我们无法抑制这种将一切事物都看成是有思想的倾向，那么我们在将滚烫的水倒入大杯子，或将钉子钉入墙壁，或大力扣篮时，我们的心该有多冷酷。

　　最后，社会神经科学已开始显示，我们的心灵对周围不正常的思想会表现得极度敏感。这表明，我们的大脑会自发地映射周围其他大脑的活动模式。当我们看到一个人流露出恐惧的神色，我们的大脑会作出同样的反应，就像是我们自己经历着恐惧一样——这是通过激活大脑中一个叫作杏仁核的小区域产生的反应。当我们看到有人的手指被门夹了一下或被注射器扎了一针，我们的大脑反应就像我们自己正在经历着这番痛苦——这是因为视觉刺激触动了前扣带皮质。当人们看到或想到其他人遭受的痛苦时，他们经常会因这种虚拟的疼痛而龇牙咧嘴。如果我们看到另一个人闻到浓重的垃圾腐烂的味道，我们的大脑会通过激活岛叶作出恶心的反应，就像我们自己被熏到了一样。如果我们看到其他人在努力实现某个特定目标（譬如拾起某个东西），我们的大脑会通过激活位于顶叶和额叶的所谓镜区来做出反应，就像我们自己在做同样的动作。这些观察表明，人的心灵有一种试图从事与邻近的大脑进行同样的信息处理的自然倾向——我们的大脑喜欢寄存周围的大脑。虽然这个新生的发现的影响尚未得到充分的探讨，但我们乐于登录他人心理网页的冲动暗示着人类社会交往的复杂性——我们的大脑同时做着两件事情：努力找出他人的所思所想并采取同样的思维。

对大脑的社会倾向性的这些观察再次将大量的心理学研究集中到人的思维到底是如何与他人的思维合拍的问题上来。要想成功地与另一人的思维互动，或者成功地预言或影响另一个人的思维，需要一套非比寻常的认知技能。什么样的信息翻译过程能够将同伴的抬眉或一瞥转换为对他的想法和感受的理解？什么样的过程能够将一个人的心理状态转化为复杂的言论，并用听众能够理解的实际陈述加以完成（例如，我们对孩子说话就与对成人说话的方式不同）？对这些问题的答案，我们才刚刚理出点头绪，但借助于活人脑成像的新技术以及对社会性思维重要性的新认识，心理科学家可能很快就能解开我们对他人所思所想做出回应时，或影响他人或受到他人影响时思维的复杂过程。

第8章
是什么使得大观念如此牢固？

◎　马修·利伯曼

马修·利伯曼（Matthew D. Lieberman）

加州大学洛杉矶分校心理学副教授，1999年获得哈佛大学心理学博士学位。他的研究兴趣主要在社会认知神经科学领域，包括自我控制、自我意识、自动化、社会性抵制和说服等。他在许多期刊上发表过文章，包括《科学》《自然神经科学》《心理学年报》《美国心理学家》《认知神经科学杂志》和《人格与社会心理学杂志》等。他的研究得到了美国国家精神卫生研究所、美国国家科学基金会、古根海姆基金会和美国国防部高级研究计划局等的资助。他的工作还得到了《时代》《科学美国人》《发现者》以及英国广播公司多媒体纪录片等方面的鼓励。利伯曼是《社会认知和情感神经科学》杂志的创始编辑，2007年，他获得了美国心理学会颁发的心理学早期职业贡献杰出科学奖。目前他正在写一本书，书名暂定为Experience Shrugged : The Rise of Simulated Experience in Mental Life and the Modern World（"经验之无奈：心理生活中模拟经验的崛起与现代世界"）。

1641年，勒内·笛卡儿出版了他的《第一哲学沉思录》。在这本书里，他介绍了他的心身二元理论，后来被简单概括为笛卡儿二元论。根据笛卡儿的理论，心灵是由明显有别于物理客体和所有物理过程的非物质灵魂来激活的。既存在着精神实体，也存在物质实体，这两者间从不见面（也许除了通过松果腺，或是通过上帝的介入，否则我们难以解释为什么心灵有了打开门的愿望，同时身体就会去执行这一预期操作这两者之间近乎完美的相关关系）。数十年后，J. J. 贝歇尔出版了《基础物理学》（1667），它同样强调一种无形的实体。贝歇尔提出，所有可燃材料之所以易燃是因为它们含有燃素，一种没有颜色、气味、味道或重量的假想物质，因此火也可以用看似无形的物质激活。笛卡儿和贝歇尔的思想曾受到广泛讨论，在他们那个时代被信奉为真理。

时代已经发生变化，因此这两种理论的命运也发生了改变。心身二元论作为上个千年中最根深蒂固的思想之一，贯穿于关于克隆、堕胎和安乐死的伦理学以及关于实验室用动物做试验的政策讨论中；而燃素说则只是在科学界被偶尔提及，而且是作为非科学理论的一个警世故事来述说的。当然，人们可能会以为，笛卡儿的二元论之所以得到保留而燃素说失宠，是因为前者已经获得了科学的支持，而后者则受到了科学的反驳。人们可以这么认为，但这种认识可能是错误的。

在科学界，这两种理论都不值得尊崇，虽然科学家仍然用二元的语言定期报告他们的研究结果。现代科学关于心灵有一条基本原则：心灵活动完全可由生物学来解释，因此属于物质实体范畴。此外，哲学上早已确立，如果离开众多错综复杂的假设，心身二元论在逻辑上是不可能成立的。但是，芸芸众生对笛卡儿描述的这种简单却难以置信的二元论抱有根深蒂固的信念。这只须看看世界各地有关心脑研究和身心研究的各种机构如雨后春笋般出现就可以明白。所有这些机构都号称要探讨这些实体之间的联系。这些机构通过指出心和物是截然不同的，需要在两者间建立联系来不断地使这种二元论具体化。目前正在讨论的有关大脑状态是如何引起心理状态，以及沉思冥想是如何用心灵来改变大脑和身体等问题同样强调了心身的区别。

在科学和哲学都已不信的情形下，为什么心身二元论思想还能这么持久地存在着？为什么关于这个问题的任何想法（或理念）能够抓住这么多的人并存在了几十年甚至几百年？一种观念如何才能成为大观念？心理学家懂得，一种信息的来源和内容是如何导致一个人拒绝或被论证说服。马尔科姆·格拉德威尔（Malcolm Gladwell）的2000年畅销书《引爆流行》（*The Tipping Point*）[1] 对各种人群之所以能够形成观念传播链并确保这种概念的广泛影响给予了令人信服的通俗解释。大多数这类文化基因，或者说流行性文化观念，通常从出现到消退也就几年、几个月甚至数天。迪斯科和喇叭裤在20世纪70年代可能很酷，人们有千百种理由，条条都具说服力。但到了80年代，迪斯科和喇叭裤就过时了，街头流行的是新潮音乐和紧身牛仔裤。

但为什么像笛卡儿二元论这样的观念能够真正持久地流传下来？我认为，在于大观念往往与人类大脑的构造和功能相匹配，大脑使我们以一种几乎不能不信的方式来看世界。我把这种解释称为迪肯理论，以纪念伯克利人类学家和神经学家特伦斯·迪肯，是他最先启发了这一解释。

在《运用符号的物种：语言和脑的共同演化》（*The Symbolic Species：The Co-Evolution of Language and the Brain*，1998）一书中，

1.《引爆流行》，钱清、覃爱冬译，中信出版社，2002年版。——译注

迪肯为人类运用的语言为什么会变成现在这种形式这一问题提供了一种反直觉的解释。迪肯指出，对语言的运用，广泛认可的解释是人类大脑的进化使然。大脑进化到一定水平，就要求人类必须使用某种语言来表达各种心理活动。迪肯却将这种逻辑颠倒过来，指出虽然人脑确实演化出能够进行符号处理的能力，但这不能说明语言本身的演化。相反，迪肯认为，正是有了语言，夫妇间才可以形成一种得到部落尊重的性信任，使得男人去狩猎时不必带上配偶。这是迪肯论点的下一部分，它对于迪肯理论至关重要。迪肯认为，语言之所以演化（并且还在不断演化），就是为了与人脑的结构和功能相适应，而不是相反。他提供的广泛的证据表明，语言的演化要比脑的演化更加快速，也更容易；随着语言在一代又一代人的交替中改变，它几乎总是变得使2岁的儿童更容易学习。

因此我们可以这么来陈述迪肯理论：大观念之所以具有持久的影响力，是因为它们适合人类大脑的结构和功能。或者如迪肯所说的那样，各种思想是按适应脑结构和功能来演变的，一种思想越是适于大脑思考，它就会变得"越顽固"。在迪肯理论适用的场合应当呈现两种效果：第一，在大观念的内容与脑结构和功能之间应该有某种形式的强有力的匹配；第二，大观念应随着时间的推移变化以更好地趋近脑组织的关键特征。本文将考虑适用于迪肯理论的两大观念：心身二元论和东西方文化。

心身二元论

虽然科学的共识是心灵和身体都是由相同材料形成的，但关于大脑是如何使日常生活中心灵和身体行为被理解的科学还处于起步阶段。事实上，关于这一问题的几乎所有证据都集中在两个方面——理解自身和理解他人。这些证据只是偶然提供了一幅大脑是如何产生其自身的心身二元论的图像。有十几项研究（主要是利用功能性磁共振成像技术）发现，大脑的两个内侧（或中间）表面区域，一个位于额叶前皮质（称为内侧 PFC），另一个位于顶叶皮质（称为内侧 PAC），在内省（即一个人专注于自我，反观自己的状态、特征或偏好）时更容易活跃。[1] 另一项研究调查了有关识别自己身体体征（如通过视觉辨认自己的脸）的脑区。出人意料的是，在神经成像研究中，当向受试者显示他们的面孔照片时，内侧 PFC 和内侧 PAC 这两个主要涉及非身体属性的区域并不激活，而位于大脑外表面的外侧 PFC 和外侧 PAC 区域则被激活。[2] 此外，内侧 PAC 似乎还与观察自己的身体运动有关，对这一区域实施干扰会产生灵魂出窍的体验，在某种意义上——如精神分裂症——好像是有人正在控制自己的身体。[3]

　　类似的区别在研究他人的脑处理过程中也可以看到。具体情形取决于测试科目是要理解他人的意识活动还是要理解他的身体动作。所谓"心理化"实验，就是让受试者琢磨他人心里在想什么——他的意图、信念或感受。与心理化直接相关的大脑区域是内侧 PFC 区域。这

1. M. D. Lieberman，"Social Cognitive Neuroscience：A Review of Core Processes，"*Annual Review of Psychology* **58**（2007）：259–289；W. M. Kelley et al.，"Finding the Self? An Event-Related fMRI Study，"*Journal of Cognitive Neuroscience* **14**（2002）：785–794.

2. L. Q. Uddin et al.，"Self-Face Recognition Activates a Frontoparietal 'Mirror' Network in the Right Hemisphere：An Event-Related fMRI Study，"*Neuroimage* **15**（2005）：926–935.

3. O. Blanke *et al.*，"Stimulating Illusory Own-Body Perceptions：The Part of the Brain That Can Induce Out-of-Body Experience Has Been Located，"*Nature* **419**（2002）：469–470；V Ganesan et al.，"Schneiderian First-Rank Symptoms and Right Parietal Hyperactivation：A Replication Using fMRI，"*American Journal of Psychiatry* **162**（2005）：1545.

个心理化区域靠近（但不全同于）自我反省所涉及的区域。因此，对他人的思想或自己的思想进行心理化测试属于内侧PFC研究的新宠。

当我们看明白他人的身体动作但却无意弄懂他心里在想什么，这时会怎样呢？例如，我们模仿他人轻敲手指的动作但不必考虑这个人的心境。在这种情况下，观察表明，外侧PFC和外侧PAC区域的活动是一致的。这些区域通常合称为镜像神经系统，因为对其他灵长类的单元记录（single-cell recordings）表明，灵长类动物是执行一个操作（例如够取食品）还是只看着其他同类做这个动作，其外侧PFC和外侧PAC区域的神经有着同样的反应。[1] 如同自我处理（指自省或识别自己体征——译注）时的情形，我们看到，在琢磨他人时，我们关注的是他们的意识活动还是他们的身体动作，这之间我们的大脑活动有着明显的区别。

当我们试图理解目标的意识活动时，不论这个目标是自身还是他人，我们大脑的内侧活动是主要的；当我们将注意力集中在目标的身体活动方面时，外侧活动则占支配地位。这些脑区都处于大脑表面内、外侧的相对类似的位置（即PAC和PFC）上，但它们却十分的不同，一个关注的是心灵，另一个关注的是身体。此外，外侧区域的活动与内侧区域较低水平的活动相关联，[2] 这表明——至少在某些情况下——内、外侧活动可能存在竞争性。

1. M. Iacoboni et al., "Cortical Mechanisms of Human Imitation," *Science* **286** (1999): 2526–2528; G. Rizzolatti and L. Craighero, "The Mirror-Neuron Systern," *Annual Review of Neuroscience* **27** (2004): 169–192.
2. K. A. McKiernan et al., "A Parametric Manipulation of Factors Affecting Task-Induced Deactivation in Functional Neuroimaging," *Journal of Cognitive Neuroscience* **15** (2003): 394–408.

因此在大脑内，心和身由不同的网络代表，由此产生了一种脑内二元论。一般来说，当大脑通过不同的脑网络处理两件事情时，这两件事是按不同类别来感受的。例如，颜色和数字就是按单独的类别来体验并在分开的神经网络里分别处理。[有趣的是，有极少数具有联觉的人能够从数字上看出颜色来，或将其他"感受性"混在一起——例如，"看"音乐或"品尝"视觉刺激。加州大学圣迭戈分校的神经学家拉马钱德兰（V. S. Ramachandran）证明，这些人往往是用同一脑区来处理这些不同的感受性。]由于大脑有这种正常分离，因此试图说服人们将精神和身体看成是一种东西而不是两种东西，就好比要说服他们将颜色和数字说成是一种东西。科学告诉我们什么都可以，只是不要与我们眼前的日常经验相矛盾。

回想一下，迪肯理论的第二个要点是说：牢固的观念都是由不牢固的观念经过观念转变以便更好地适应脑结构和功能演变而来的。心身二元论似乎就出现了这种观念的演变。当笛卡儿阐述这一观点时，二元论几乎算不上是一个新的观点。在他之前提倡这一观点的就有毕达哥拉斯、西塞罗、圣·奥古斯丁和托马斯·阿奎那。前笛卡儿二元论的最著名人物当属柏拉图，他提出了一种与物理世界形成对比的普遍形式的世界理论。譬如说，我们之所以能够将一把具体的椅子看作各类椅子中的一员，是因为我们具有"椅子"这一普遍的理念。这些普遍理念存在于它们自己的王国里，而不是存在于我们心里或是体内。虽然柏拉图的理论在哲学圈子里有着广泛的影响力，但它从来没有成为大众的共同理念，也从来就没有一项社会政策能以普遍形式反映出我们的感受。难道这是因为大脑不具备用于处理普遍形式的结构？抑或这种普遍形式只是大脑这一全能符号机器可处理但不必处理的无数个命题方案中的一种？就好像学生宿舍里"发现"我们可以将行星绕日旋转类比到电子绕原子核旋转，或将银河系看成仅仅是巨大的宇宙实体中的一个分子那么不值一提？我们可以接受地球/电子之间类比的想法，但这种想法谈不上牢固，也不具有普遍形式对物理世界的那种二元论关系。

各种各样的二元论被提出来用以解释世界上多种并存的复杂性。然而，在笛卡儿二元论出现之前，这些理论没有一种能够真正流传开来。笛卡儿版本则刚好与大脑处理心身关系的主要功能合拍。因此尽管科学家和哲学家共同努力来抵制心身二元论，但它仍作为一种核心理念和看待世界的方式留存下来。

让我们转到能够用迪肯理论来说明的第二个大观念。

东西方文化的异同

20世纪90年代初以来，心理学领域关于一种特定文化形态是否会以及如何对产生这些文化的心灵造成影响的争论日趋白热化。概念上的突破（由此已引出数百项研究）始于1991年。这一年，斯坦福大学的海泽尔·马库斯（Hazel Markus）和京都大学的忍北山（Shinobu Kitayama）提出，东方文化倾向于教育孩子从相互依存的角度看世界以及个人在其中的位置，而西方文化则倾向于灌输独立地看世界和个人在其中的位置。从本质上讲，东亚的教育是要让人相信，我们都是相互关联的，集体的需要大于个人的需要。相反，西欧和北美人学到的是自己的目标、感觉和成就是第一位的。社会的奖惩也遵循相应的规则。例如，在强调相互依存的（东方）文化里，"枪打出头鸟"；而在强调独立的（西方）文化里，"爱叫的鸟儿有食吃"。因此，在这种或那种文化里培养出来的人必定会带着他们被塑造的心灵来看世界，即用相互依存的眼光来看世界，或以独立的方式看世界。由此导致每个人按照他们文化的价值观来生活。

每一种文化的价值观代表了该文化特定的大观念，它们在各自的文化中已经存在了上千年。标准的理解是文化塑造心灵和大脑。而迪肯理论则认为反过来解释可能也成立。也就是说，如果东亚人和西欧人的脑子不是现在这样，那么每种文化的大观念还能这么牢固吗？事情是否会是这样：不同地理区域的人的大脑上的差异促进了各自的文化叙述，而这种叙述导致每个群体按其自身标准来评价社会形态的各个方面，这种社会形态反映了脑组织的群体特征？例如，如果一种文化里的人先天就听觉不灵，而另一种文化里的人先天就视力很差，那么无疑他们对音乐和艺术的评价就会不同。

鲍德温·维（Baldwin Way）是我在加州大学洛杉矶分校实验室的博士后研究员，他最近提出，东西方血统的个体之间存在一种重要的基因上的差异，这种差异对他们的大脑有着不同的影响。我们进行了一系列交谈，决定开始检验这一想法。维对控制大脑的 5-羟色胺系统的基因研究进行了调研。他发现，东西方血统的个体在 5-羟色胺转运基因（5-HTTLPR）在调节区内的分布变化上表现出差异。基于两个等位基因的不同组合，5-HTTLPR 的基因多态性表现为 3 种不同形式，（为方便起见）分别被称为短−短型，长短型和长−长型。2/3 的亚洲人具有短−短型，而具有这种类型的美国人和西欧人则仅占 1/5。这是一个巨大的、高度可信的差异，它已在多项研究中被观察到。[1]

5-羟色胺系统，尤其是这个5-HTTLPR基因，与社会情感的敏感性有关。例如，人们在一项研究中发现，具有短－短型基因的儿童均表现出较高的抑郁症风险，但前提是他们缺乏社会鼓励；而那些具有长－短型和长－长型基因的儿童患抑郁症的风险则不受社会鼓励因素的影响。[2]另一项研究发现，来自非鼓励性家庭且具有短－短型基因的个人患抑郁症的风险最大，而虽具短－短型基因但来自鼓励性家庭的人患抑郁症的风险最小。具有长－短型和长－长型基因变异体的个体则处于中间，不论他们的家庭背景是鼓励性的还是非鼓励性的。[3]这些结果表明，那些带有短短型5-HTTLPR基因的孩子的健康更多地依赖于社会环境的品质，一般来说，这些人对社会环境可能更加敏感。

根据迪肯理论，东亚裔个体多具有短－短型5-HTTLPR基因多态性这一特征暗示着，他们可能具有一种易于抱团的神经化学基础，并在此基础上建立起文化价值观，或在世界的这一地区使得这种大观念传承下来。如果你的健康很容易受到别人是怎样对待你的影响，那么你就肯定会偏爱一种鼓励他人以促进你的健康的文化。相反，西方人相对缺乏这种类型的基因，这一点导致他们更容易创造出一种看重独立和个人成就文化的神经化学基础。

1. 例如，见 J. Gelernter et al., " Serotonin Transporter Protein（SLC 6 A 4）Allele and Haplotype Frequencies and Linkage Disequilibria in African-and European-American and Japanese Populations and in Alcohol-Dependent Subjects ," *Human Genetics* **101**（1997）: 243–246.
2. J. Kaufman et al. , " Social Supports and Serotonin Transporter Gene Moderate Depression in Maltreated Children ," *Proceedings of the National Academy of Sciences* **101**（2004）: 1716–1721.
3. S. E. Taylor et al., " Early Family Environment , Current Adversity , the Sero- tonin Transporter Promoter Polymorphism , and Depressive Symptomatology ," *BiologicalPsychiatry* **60** , no. 7（2006）: 671–676.

回想一下，心身二元论在笛卡儿之前就已出现，然而，自从他提出了他的二元论形式体系后，这一观念却没能进一步发展，尽管众多的批评也是个原因。在东西方文化差异这个问题上，很长时间以来一直有一种将它看作是观念演化的观点，即认为这种文化差异是两种文化观念的地域性迁移的结果 —— 两者似乎都起源于中亚，后来一个几乎完全向东迁移，另一个则向西迁移。

我们可以合理地将东西文化描述为各自宗教和特定公民理论的融合。东方文化固化为新儒学，它结合了佛教信仰，认为我们都是互相依存的，自私的品格在儒家看来是不健康的，它刻画了一种建立在社会成员之间义务关系基础上的社会。西方文化则脱胎于犹太教和基督教神学的组合，它信奉个人对自己永恒的救赎负责和希腊公民的生活态度，它强调体己和自由意志。

印度的佛教向东亚国家传播，而且越往东传播得越持久，以至于佛教在印度不再是主流。考虑到印度只有不到一半的人口带有短短型5-HTTLPR基因，这种变化很容易理解。相反，基督教的传播则是从中东一路向西，先是传播到欧洲，然后到北美地区，而且越往西越持久。在这两种情形下，大观念开始时都是相对较小的观念，传播到数千英里之外才找到可以使之蓬勃发展的适宜地区，才逐渐发展成为大观念。有趣的是，在亚历山大大帝时代，在罗马帝国时代和后来的中世纪时期，东西部宗教领袖和代表有过多次接触，但这些宗教间相互得益的交流则几乎没有出现过，虽然宗教在自然扩张的方向上被接纳时相对较容易 —— 例如，佛教向东扩张。这种情形直到最近，当20世纪的全球经济发展令这些限制黯然失色后，情况才有好转。这些文化的大观念似乎还将迁移，直到它们找到具有适当的神经化学基础的人口才能使它们变得牢固。

我们喜欢把我们的信念看成是某种逻辑分析和同行影响相结合的结果。迪肯理论则提供了另一条思路：人类的大脑倾向于寻找一些有吸引力的想法，因为大脑的结构与所提问题里的概念结构之间存在匹配性。对于笛卡儿二元论的情形，我们已经看到，大脑是以两套分立的神经回路来表达心和身的。很可能是我们先有了心和身分属于不同类别的直接经验，然后才有的心身二元论理念，尽管这方面的证据还充满矛盾。对于东西方文化差异的情形，我们已经看到，基因变异的区域特征产生出明显有别的大脑化学物质，从而使得两群人对社会信息反馈的敏感性存在明显差异，因此在文化信仰和价值观的接受上也存在差异。这种差异主要表现为需不需要优先考虑社会的相互依存关系。在这两种情形下，迪肯理论利用神经学说为我们提供了对我们深信的某些信念的反直观的解释。当有足够多的大脑倾向于寻找同一种有吸引力的观念时，这种观念很可能坚持相当长的时间。

第9章
道德心灵的生理学基础

◎ 约书亚·格林

约书亚·格林（Joshua D. Greene）

　　认知神经科学家和哲学家，1997年获哈佛大学学士学位，2002年获普林斯顿大学博士学位。2006年任哈佛大学心理学系助教。他的主要研究兴趣是道德的精神病学和神经科学研究，重点是道德决策过程中情感和"认知"之间的相互作用。他的更广泛的兴趣是哲学、心理学和神经科学之间的交叉。目前他正在写一本有关道德的新兴科学认识的哲学意义的书。

　　考虑下面的道德困境：这是在战争年代。你和你的乡亲们正在地下室躲避附近的敌人。这时你的宝宝开始哭啼，你掩其口来阻止声音扩散开来。如果您将手拿开，宝宝的大声哭泣就会被敌兵听到。他们会找到你、你的宝宝和其他人，他们会将你们全部杀死；如果你不放开你的手，宝宝就会窒息。为了挽救自己和其他村民而将婴儿捂死，这在道德上可以接受吗？

　　思考这些问题会令人感到不安，但却有启发。这种困境，即所谓哭婴困境，很好地反映了道德观念和政治观念这两个主要学派之间的紧张关系。一方是如边沁（Jeremy Bentham）和穆勒（John Stuart Mill）这样的功利主义哲学家，按照他们的哲学，行事是否道德最终要由能否生产最佳的整体后果来衡量，追求的是"更大的利益"。另一方是像康德（Immanuel Kant）这样的道义论哲学家，认为权利和义务往往胜过更大的利益。在哭婴困境里，更大的利益（至少就挽救生命的数目来衡量）是由扼杀弱小生命来实现的，但很多人认为，扼杀弱小生命，除了令人悲痛和难以下手之外，在道义上也是错误的——是对婴儿的权利、父母的责任的背离，或两者兼而有之。

哭婴困境也是窥视人类大脑结构的一个窗口。人们通常谈论"伦理本能"或"道德意识"，即暗示着道德判断是一个统一的现象，但对于道德判断的科学研究的最新进展却描述了一幅非常不同的景象。道德判断似乎依赖于直觉的情绪反应与需付出更多努力的"认知"过程之间复杂的相互作用。更具体地说，对有害行为的直觉的情绪反应（"不要捂死孩子！"）似乎依赖于一套大脑系统，而我们更可控的认知反应（"窒息婴儿以促进更大利益"）则依赖于不同的大脑系统。我们之所以对这种道德困境大伤脑筋，正是这些神经系统处于竞争状态，我们的痛苦感觉正是这些竞争的结果。如果我是对的，那么竞争性神经系统之间的这种紧张关系就不仅是几百年来穆勒和康德的拥护者之间争论的根本原因，而且也是当前诸如干细胞研究和折磨人的对恐怖分子疑虑等问题带来苦闷的根本原因。

让我们考虑两种道德困境，它们是当代伦理学中所谓"巡道车问题"思想实验的一部分。其中第一个，我们称之为道岔困境。它是这样的：一台失控的巡道机车将要辗死5个人，但你可以扳道岔将它移至岔道来挽救这5人，在岔道上机车将只会辗死1人。那是不是就该扳道岔呢？在此情形下，大多数人会说是，这与功利主义哲学是一致的。第二种情形是考虑人行天桥上的两难境地：这里，失控机车仍然对5个人的生命构成威胁，但此时你不是站在道岔旁，而是站在横跨轨道的天桥上，一边是迎面而来的失控机车，另一边是对危险毫不知情的5个人。你旁边站着一个高大的男人，挽救5人生命的唯一办法就是将这个大男人推下天桥阻塞机车行经的轨道，这样才能停止杀人的机车，但需要你的朋友充当横木。那是不是就该将这个人推下去以挽救那5人的生命呢？（我知道你在想什么，我不吃这一套：你不能自己跳下去，你没有大到可以让机车停止；你也不可能对轨道上的人大喊有危险，那没用，他们听不到。是的，机车肯定会杀死全部5人。你的处境只能两者择一：推还是不推？而且这个大男子确实能够阻止机车行进。这个大男子不是乌萨马·本·拉登，铁轨上的5个人也不是你的父母、你的两个孩子和私人教练。总之，你不可能重写剧本使问题变得容易一些。）在这种情形下——经过适当的解释——大多数人判断，通过牺牲1个人的生命来拯救5人是不对的。在这里，康德哲学占了上风，因为大多数人认为天桥上的人的权利要重于更大的利益。

为什么在第一种情形下我们看重多数人但在第二种情形下则否呢？几年前，我的感觉是，天桥困境中的行为，即近距离故意将人推下天桥，要比道岔困境中的行为有更强烈的情绪体验，而正是这种情绪反应上的差异能够解释为什么我们在这两种情境中的态度是如此的不同。为了检验这一假说，我和我的同事对人们思考这两种情形时的大脑活动进行了扫描，这里我们将天桥困境称为"个人困境"，将道岔困境称为"非个人困境"。我们的假设预言，个人困境会引起与情感有关的大脑活动的增加，而非个人困境则更多地引起脑区域中与需要付出努力的认知过程（如推理）相关的活动的增加。这是我们要求证的一个方面[1]。更具体地说，个人困境（如天桥困境）下产生的反应将引起内侧额叶前皮质活动的增加，以及脑中其他与情绪和社会性思考相关的区域活动的增加。相反，非个人困境（如道岔困境）则引起背外侧额叶前皮质活动的增加，即脑中典型的"认知"区域活动（譬如说，你记住一个电话号码）的增加。

在道德思考方面，这能告诉我们什么呢？这里的想法是：面对道岔困境和天桥困境，人们诉诸功利性推理。（"以1抵5？听起来合算。"）但对于天桥困境设定的更加个体化的伤害，也存在负面的情绪反应，说："不！不能将那个人推下去！"而且这种反应往往主导决定。在道岔困境中人们的情绪反应相当弱，因此功利性推理会主导决定：我们投票决定救那5人。在天桥困境中主导决定的情绪反应依赖于与情绪有关的大脑区域如内侧额叶前皮质的神经活动，而在道岔困境中主导决定的更缜密的思考则依赖于典型的大脑"认知"区域如背外侧额叶前皮质的神经活动。

在接下来的实验中，我们来考虑如哭婴困境这样的更为困难的情境。这些也都属于个人困境，但它们构建需要你有更强的功利上的理由。在天桥情形中，是以一命抵五命；但在哭婴困境中，如果你不采取行动，则每个人都将死亡，包括你和你的宝宝。面对道岔困境和天桥困境，人们的判断相当一致；但在哭婴困境下，人们的判断分裂为差不多一半对一半，几乎每个人都需要很长的时间才能做出响应。

---

1. J. D. Greene et al. , An fMRI Investigation of Emotional Engagement in Moral Judgment. *Science* **293**, no. 5537（2001）: 2105-2108.

　　这是怎么回事？如果我所描述的理论是正确的，那么哭婴困境一定是触发了大脑中情感区域和认知区域之间的冲突。说得浅显点，就是大脑中有一个称为前扣带皮质的区域，它能对这类内部冲突做出可靠的响应。当你的大脑试图同时进行两项不同的工作时，前扣带皮质就会说："休斯顿，我们出问题了。"我们预计，面对哭婴困境，这个区域会变得更加活跃，事实也果真如此。

　　如果前扣带皮质说："休斯顿，我们出问题了。"这自然就引出了一个问题："休斯顿"在哪里？事实证明，"休斯顿"位于背外侧额叶前皮质，就是我们记住电话号码、进行抽象推理的那个地方。大脑的这个区域也赋予我们抵制冲动的能力。这些行动的共同特征是认知控制——一种引导注意、思考以及按既定目标或意图采取行动的能力。如果以"个体"方式去伤害某个人的想法触发了使我们说"不"的情绪反应，那么为追求更大利益而同意进行"个体"伤害就要求有能力去战胜情绪反应。也就是要求增强主管认知控制的背外侧额叶前皮质的活动。这表明，当人们对像哭婴情形这样的困境作出功利性的判断时，他们的背外侧额叶前皮质应当表现出增强了的活动能力，这是我们要求证的另一点。[1]我们最近的研究结果完全切合相同的模式。我们让受试者考虑这样一种困境：为了增进更大的利益需要违反承诺，结果一如既往，我们看到，在人们给出有利于更大利益的功利性答案时，他们的背外侧额叶前皮质的活动明显增强。

　　道德判断的这种二过程理论——这里"二过程"是指不同的情

1. J. D. Greene et al., The Neural Bases of Cognitive Conflict and Control in Moral Judgment. *Neuron* **44**, no. 2（2004）: 389–400.

感和认知过程 —— 可用于对神经病病人的行为进行一些有趣的预测。例如，众所周知，额颞叶痴呆（FTD）病人呈"情感钝化"症状。加州大学洛杉矶分校的研究小组报告了FTD病人对道岔困境和天桥困境的反应。他们对道岔困境的反应是相当标准的，但他们要远远比其他人更有可能同意将男子推下天桥。由于缺少提醒他们说"不"的情感，这一行动似乎还是一个"很好的解决办法"。另外两个研究小组，一个在艾奥瓦州，另一个在意大利，在检查前内侧额叶皮质（脑中一个主管情感基决策的重要区域）受损病人时也得到了类似的结果。这两个小组发现，这些病人对天桥困境和哭婴困境给出了不同寻常的功利性反应。事实上，艾奥瓦州的病人给出的功利性反应几乎是对照组的5倍。[1]

东北大学的皮耶尔卡罗·瓦尔德索洛（Piercarlo Valdesolo）和戴维·德斯提诺（David Desteno）用聪明但技术上却并不复杂的方法得出了同样的结论。他们陈述了受试者在两种不同条件下面对道岔困境和天桥困境时的反应。在实验开始时，让一些人观看了从电影《周六夜生活》节选下来的有趣片段，而其他人则观看没有特定情感内容的电影剪辑。结果发现，人们对道岔困境的反应不受电影选择的影响，但看了有趣的《周六夜生活》剪辑的受试者在同意将男子推下天桥方面却提高到近4倍。这里的概念是，积极的情绪体验可以抵消将男子推下天桥带来的负面情绪。

我和我的同事进行了一项类似的实验，目标是认知控制过程而不

---

1. E. Ciaramelli et al., Selective Deficit in Personal Moral Judgment Following Damage to Ventromedial Prefrontal Cortex. *Social Cognitive and Affective Neuroscience.* **2**, no.2（2007）: 84–92; M. Koenigs et al., Damage to the Prefrontal Cortex Increases Utilitarian Moral Judgments. *Nature* **446**（7138）: 908–911（2007）; M. F. Mendez et al., An Investigation of Moral Judgment in Frontotemporal Dementia. *Cognitive and Behavioral Neurology.* **18**, no. 4（2005）: 193–197.

是情绪体验。在我们的实验中，受试者必须在紧盯着电脑屏幕上滚动数字的同时做出判断，每次出现数字5就按按钮。这种令人心烦的任务称为"认知负荷"测试，目的是要干扰基于外侧额叶前皮质的各类高级认知过程。我们发现，认知负荷使人们在给出功利性答案（"以更大利益的名誉扼杀婴儿"）时变得缓慢，但在给出典型的道义论答案（"不要扼杀婴儿，即使每个人都会死"）时则没有这一效应。（事实上，认知负荷似乎加快了道义论答案的判断，但这种效应整体上并没有显示出统计学上的重要性。）这两项研究犹如镜像：阻碍情绪过程将使功利性判断变得更容易；阻碍受控的认知过程将使功利性判断变得更慢。

这些结果其实是哲学家会感到惊奇的一般模式的一部分。当明显的道义责任（"不要用人去阻止机车"）与更大利益（"最好去拯救那5条生命"）相冲突时，有利于责任的判断由情绪驱动，而有利于更大利益的判断则更多的是由受控的认知过程驱动。这一点令人惊奇，因为像康德这样的将责任看得重于更大利益的哲学家往往被视为理性主义者，这些哲学家的道德结论是基于理性。但这里所描述的研究却表明，这种哲学里推理的成分较少而更多的是合乎理性。我的同事乔纳森·海德特（Jonathan Haidt）认为，几乎所有的道德推理都是如此，但我不同意。[1]基于这里描述的研究，我相信功利性判断是由推理过程来驱动的，要借助于背外侧额叶前皮质（又名休斯顿）才能奏效。当然，我不认为这一切会如此利落简单。按照大卫·休谟（David Hume）的理论，我怀疑甚至功利性计算也需要情感——与其说像发出警报，

---

1. J. Haidt. The Emotional Dog and Its Rational Tail : A Social Intuitionist Approach to Moral Judgment. *Psychilogcal Review*. **108** (2001): 814–834.

倒不如说更像沙粒在秤盘上堆积 —— 脑成像数据的确暗示存在这种迹象。

人们时常问我为什么要费心搞出这些奇怪的假设性困境。难道我们不应该研究真正的道德决策吗？在我看来，这些困境就像一个遗传学家手中的果蝇。他们在实验室里可以得到很好的管理，但其复杂性足以牵连到越来越广阔的外部世界的一些有趣的东西。考虑到这一点，让我来介绍最后两个道德困境，最初设计它们的是功利主义哲学家彼得·辛格（Peter Singer）。[1]

一天你走过一个水池，发现有个小孩快要淹死了。你可以很容易地涉水过去救她，但是这会毁了你时尚的新款意大利西装。于是你一走了之。你这人是不是很冷酷？是的，我们说。下一个情形：您收到一封来自令人尊敬的国际援助组织（譬如联合国儿童基金会或英国牛津饥荒救济委员会）的信。他们希望你捐出500美元，用以挽救急需食品和药品救助的贫穷非洲儿童的生命。你为这些儿童感到难过，但是你一想到要买时尚的新款意大利西装，您还是希望为此省下这笔钱。于是你将信件丢进了垃圾桶。你这人是不是很可怕？我们说，你不是圣人，但你肯定没有做错事。

拒绝挽救一个在你面前将溺毙的孩子与拒绝挽救一个在地球另一端贫困地区的孩子，这两者之间到底有什么区别？在这个问题上你的合乎理性的心灵已经在工作：面对溺水儿童，你是唯一可以援手帮助的人；但对于贫穷的非洲儿童，则可以有许多其他人去提供帮助，

---

1. P. Singer, Famine, Affluence and Morality. *Philosophy and Public Affairs* 1（1972）: 229–243.

那是世界性问题，不是你能解决的。公平得很。但如果现在情形换成是你与其他很多人（这里正在召开美国律师协会的年度会议）站在水池周围看孩子淹死，他们也都相当喜欢他们自己的时尚的新款意大利西装，那又该如何看待呢？就任孩子淹死？我们可以将这个游戏玩上一天，但不太可能找到满意的解决办法。另一种做法是考虑有关的心理学及其自然史。

让我们用岔道困境和天桥困境来尝试第一种情形。正如我已经解释的，同样是挽救5个人的生命，推人致死需要比扳道岔付出更多的情绪体验。但这是什么原因呢？从进化上看可能是有用的。我们是在非常老套的盛行推挤的环境中进化的，而不是在一个用机械解决威胁的时代里发展起来的。因此，"个体"暴力这样的基本形式触发了我们的道义开关是有道理的，而鲜明的现代形式的暴力行为则没有这种功能。从这个意义上说，类似的利他行为及其支撑这种行为的情感可能也可以由此得到解释。我们不是在牺牲时尚去挽救遥远陌生的生命那样一种环境中发展起来的，而是在帮助此时此地绝望的人的环境中发展进化的。大自然赋予我们一副可以拉动的心弦，生物的关键特性就在于其生存取决于彼此间的合作。但是，大自然不能预见到可能有一天我们的生存将依赖于跨越海洋和大陆的合作，因此忽视了为我们装备一副可以随时从远处拉动的心弦。

当然，我们是非常聪明的物种。通过运用智慧，我们已经使自己变得比地球上所有其他生物更快、更强，也更危险。或许通过将复杂的认知能力运用于解决现代生活面临的问题，我们能够超越我们的道德本能的局限性。

第 10 章
语言是如何影响我们思考的？

◎ 莱拉·博罗迪茨基

莱拉·博罗迪茨基（Lera Boroditsky）

斯坦福大学心理学、神经科学和信号系统助理教授。博罗迪茨基博士出生于苏联的明斯克，2001年获斯坦福大学认知心理学博士学位后，曾执教于麻省理工学院脑与认知科学系，后回到斯坦福大学任教。她还管理着印度尼西亚雅加达的卫星实验室。

博罗迪茨基的研究以智力表现的性质以及知识如何从心灵、世界和语言的相互作用中产生等为中心。其中的一个重点是调查语言和文化对人类思维方式的影响。为此，博罗迪茨基的实验室在世界各地——从印度尼西亚到智利、土耳其、澳大利亚原住民——收集数据。她的研究已在媒体上广泛报道，并赢得了包括美国国家科学基金会颁发的职业成就奖和塞尔学者奖在内的多个奖项。

人类互相交流使用的语言令人眼花缭乱，每一种都极尽可能不同于另一种。那么我们的语言会影响到我们看待世界的方式、我们的思维方式以及我们的生活方式吗？操不同语言的人的思维方式不同，这种不同仅仅是因为他们操不同的语言所致？学习一种新语言会改变你的思维方式吗？会多种语言的人在说不同的语言时是不是思维方式也不同呢？

　　这些问题几乎涉及精神研究领域的所有重大争论。它们将一大批哲学家、人类学家、语言学家和心理学家卷了进来，它们对政治、法律和宗教有着重要影响。然而，尽管不断受到关注和争论，但对这些问题的实证研究工作却少得可怜，这一状况直到最近才有所改变。很长一段时间里，语言可能决定着思维特点的观点被认为是最不可能得到验证的，而且这种检验往往都是完全错误的。我在斯坦福大学的和麻省理工学院的实验室的研究有助于重提这一问题。我们已在世界各地 —— 中国、希腊、智利、印度尼西亚、俄罗斯、澳大利亚原住民 —— 收集了数据。我们得到的结论是，操不同语言的人确实有着不同的思维方式，甚至语法细节都会深刻地影响到我们如何看待世界。语言是人类特有的礼物，是人类经验的集中体现。理解它在建设我们精神生活中的作用将使我们能够更深入地了解人性的本质。

　　我经常通过向学生提出以下问题来开始我的本科生讲课：你最不愿意失去的是哪一种认知功能？他们大多数人选择的是视觉；有些人选择听觉，偶尔也有个别爱说俏皮话的学生可能会选择幽默感或时尚感。几乎没有人自发地说到最不愿失去的是语言能力。然而，如果你丧失了（或先天就缺失）视力或听力，你仍然可以有一个奇妙丰富的社会存在。你可以有朋友，你可以接受教育，你可以拥有一份工作，你可以建立一个家庭。但是，如果你从来就没学过一种语言，你的生活将会是什么样子？你还能有朋友，还能接受教育，能拥有一份工作和建立家庭吗？语言对于我们的经验是如此基本，并且如此深刻地成为我们所以为人的一部分，以至于没有它我们很难想象我们的生活会是怎样的。但语言仅仅就是表达我们思想的工具，抑或它们实际上也影响着我们的思维方式。

有关语言是否和怎样决定着思维特点的大多数问题都可以从如下简单的观察开始：各种语言彼此不同，而且差异很大！让我们举个（完全是）假设性的例子。假如你想说，"布什阅读乔姆斯基的新书"。我们不妨将注意力集中在动词"读（read）"上。用英语说这个句子，你必须标出这个动词的时态，在本例中，我们必须像发"red"而不是像发"reed"那样来发这个音。但在印尼语里，你就不必（实际上，你也不能）改变动词的时态。而在俄语里，你在改变动词时则必须标出它的时态和性（阴性还是阳性），因此如果读书的是劳拉·布什而不是乔治·布什，你就必须使用不同的动词形式。在俄语里，动词还必须包含指称的动作是否完全的有关信息，因此如果乔治只是读了本书的一部分，你用的动词就不同于描述他读完整本书时所用的动词。在土耳其语里，动词里必须包含你是如何得到这些信息的：如果你是用自己的双眼目睹了这一不太可能发生的事情，你使用的是一种动词形式；但如果你只是简单地读到或听说这件事，或是从布什说的东西里推断出这件事，你会使用不同的动词形式。

显然，语言在不同人的嘴里需要不同的形式。这是否意味着发言者对世界的思考方式有所不同呢？英语、印尼语、俄语和土耳其语的发言者最后以不同方式处理、区分和记忆他们的经历，这仅仅是因为他们操着不同的语言？

在一些学者看来，这些问题的答案显而易见是肯定的。只要看看人们交谈的方式，就可以说明这一点。当然，不同语言的使用者必须处理好如何将世界惊人的不同方面准确地表述出来，只有这样，他们才能够恰当运用自己的语言。

　　争论另一方的学者不是去寻找人们交谈时那种言之凿凿的差别。他们认为，我们所有的语言表达只是我们可获得的信息中很少的一小部分。尽管操英语的人用动词时不能像说俄语和土耳其语的人那样包括同样多的信息，但这并不意味着操英语的人不注重同样的东西，区别仅在于他们此刻没提到这一点。这种情形不是没有可能：每个人都在以同样的方式思考，注意到同样的事情，但却操着不同的语言。

　　相信跨语言差异的人反驳道，对同样一件事情每个人的注意点不可能相同：如果每个人的注意点都相同的话，那么人们就会觉得学另一种语言很容易。不幸的是，学习一种新语言（尤其是与你熟悉的语言不密切相关的那种）是很不容易的，这需要注意一整套新的区别。无论是明显有别的西班牙语调、土耳其语调，还是俄罗斯语调，学习讲这些语言要比仅仅学习词汇需要掌握更多的东西：它需要关注世界上有影响的大事，这样你说的话才能富含正确的信息。

　　这种对语言是否影响思维的先验争论已经进行了几百年，有的人认为语言不可能决定着思维特征，另一些人则争辩说语言不可能不对思维特征产生影响。最近我的小组和其他人已经找到了实证检验这类古老的辩论中某些问题的方法，并取得了非常令人感兴趣的结果。因此，我们不争论什么必然是正确的或什么不可能是正确的，而是搞清楚什么是真实的。

　　我们先到澳洲北部约克角城西边的原住民社区波姆普拉（Pormpuraaw）来看看。我来到这里是因为当地的库克塔约尔人（Kuuk Thaayorre）的说话方式。库克塔约尔人在说到某物相对于观察者的位置时不是用英语里通常使用的"左""右""前"或"后"等字眼，而是像其他原住民部落那样，用主方位词——北、南、东和西——来表达空间概念。[1] 他们在所有尺度上都这么用。因此譬如你得这么说"你的东南腿上有只蚂蚁"或"把杯子往西北偏北挪一点"。操这种语言的结果明显是，你要时刻留意方位，否则你无法正常说话。在库克塔约尔人那里，通常的问候语是"你上哪儿去？"而回答应当是类似于"东南偏南，距离不远"。如果你不知道你所处的方位，你甚至不能用一句"你好"就敷衍过去。

因此，主要依赖于绝对参照系的人（如库克塔约尔人）与依赖于相对参照系的人（如英国人）在航海能力和空间知识方面有着深刻的差异。[2] 简言之，与说英语的人相比，说像库克塔约尔人说的语言的人对空间方位和自身所处位置（即使是在不熟悉的地方或不熟悉的建筑物内）的敏感性要高得多。使他们能够如此的——事实上，他们不得不如此——正是他们的语言。语言上的这种训练使他们成就了一度被认为超出人的能力的航海上的壮举。

因为空间表达方式是这样一种基本的思维域，人们思考空间问题时的差别不只是局限于空间问题。人们是依靠自身的空间知识来建立其他更复杂、更抽象的表达能力的。业已证明，像时间、数量、音乐音调、亲属关系、道德和情感等的表达都依赖于我们如何进行空间思考的。因此，如果库克塔约尔人对空间概念有不同的思考方式，那么

1. S. C. Levinson and D. P. Wilkins, eds., *Grammars of Space: Explorations in Cognitive Diversity* (New York: Cambridge University Press, 2006).
2. Levinson, *Space in Language and Cognition: Explorations in Cognitive Diversity* (New York: Cambridge University Press, 2003).

他们对时间这样的其他概念的思考是不是也与我们不同呢？这正是我和我的合作者艾丽丝·加比（Alice Gaby）来波姆普拉要寻找的东西。

为了验证这个想法，我们给当地人一组表现事物某种时间进展的图片（例如人逐渐变老、鳄鱼逐渐成熟或香蕉被吃掉过程的照片）。他们要做的就是将摆在地上的弄乱了的图片按正确的时间顺序重新整理好。我们让每一位受试者分两次坐在不同朝向的椅子上进行测试。如果你让说英语的人做这事，他们理好的图片时间顺序是从左至右，而希伯来人则往往会按从右到左的顺序排列，可见方向在语言文字的书写上起着一定的作用。[1] 而像库克塔约尔人，他们不使用"左"和"右"的字眼，那将怎么办？他们是怎么处理的？

库克塔约尔人排列图片既谈不上是从左到右多点还是从右到左多点，也谈不上按距离身体的远近，但他们的排列并不是随机的，而是有一种不同于讲英语的人的排列模式：当他们面南而坐时，他们安排的时间顺序是从东到西，或者说，从左到右；当他们面北而坐时，图片排列则是从右到左；当他们面东而坐时，图片排列是由远及近，等等。即使我们没有告诉受试者任何他们所面对的方向仍然如此。库克塔约尔人不仅已经知道方向（通常比我知道得更清楚），而且会自发地利用空间取向来给出他们的时间表示。

---

1. B. Tversky et al., "Cross-Cultural and Developmental Trends in Graphic Productions," *Cognitive Psychology* **23**（1991）: 515–557; O. Fuhrman and L. Boroditsky, "Mental Time-Lines Follow Writing Direction: Comparing English and Hebrew Speakers," *Proceedings of the 29th Annual Conference of the Cognitive Science Society*（2007）: 1007–1010.

　　操不同语言的人的时间观念还有其他方式的不同。例如，说英语的人在谈论时间时喜欢运用水平空间比喻（例如，"我们面前的这个最好""我们后面的那个最差"），而讲汉语的人则喜欢用垂直比喻（例如，"下个月""上个月"等）。讲汉语的人要比讲英语的人更经常用纵向概念来谈论时间，那是不是说讲汉语的人考虑时间问题时也要比讲英语的人更经常运用纵向概念呢？想象有这么一个简单实验：我站在你旁边，指着你面前的一个空间点对你说："这个点，看到了吧，指今天。你认为昨天应在什么位置？明天又会在什么位置？"如果说英语的受试者被要求这样做，他们几乎总是沿水平方向点。但说汉语的受试者则经常是垂直地点，其比例要比说英语的受试者高上7～8倍。[1]

　　即使是基本的时间知觉方面也会受到语言的影响。例如，说英语的人谈论时间时更愿意用长短来修饰（例如，"这是一次简短的谈话""会议没有多久"），而说西班牙语和希腊语的人则更愿意用数量来修饰，即更多地采用"很大""大"和"小"等字眼而不是"短"和"长"来形容时间间隔。对时间间隔进行估计的这种基本认知能力的研究显示，说不同语言的人在进行时间估计时所用的隐喻模式是不同的。（例如，当被问及估计一下时间时，说英语的人较易受到距离信息的困扰，他们往往用测试屏上较长的线来作为对较长时间的估计；而说希腊语的人则更容易受到数量的困扰，他们用屏幕上容器的充满程度来估计时间。）[2]

1. L. Boroditsky，" Do English and Mandarin Speakers Think Differently About Time? " *Proceedings of the 48th Annual Meeting of the Psychonomic Society*（2007）: 34.
2. D. Casasanto et al.，" How Are Deep Are Effects of Language on Thought? Time Estimation in Speakers of English，Indonesian，Greek，and Spanish，" *Proceedings of the 26th Annual Conference of the Cognitive Science Society*（2004）: 575–580.

　　这方面的一个重要问题是：这些差异是由语言本身所造成的呢？还是由文化的其他方面造成的？当然，说英语的、说汉语的、说希腊语的、说西班牙语的和库克塔约尔人等的生活方式千差万别。我们如何知道是语言本身而不是各自文化的其他方面造成了思维的这些差异呢？

　　回答这个问题的一个办法是让人们学习一种新的说话方式，然后观察他们运用这种方式说话时思维特点是否有所改变。在我们的实验室中，我们教说英语的受试者用各种不同的方式来谈论时间。譬如在一次这种研究中，我们让说英语的受试者用大小的比喻（像希腊人那样）来描述时间（例如，电影要比喷嚏大），或用垂直的比喻（像说汉语的人那样）来描述事件的顺序。一旦说英语的受试者掌握了这些新的谈论方式，他们的认知能力就开始表现得像个说希腊语的人或讲汉语的人。这表明，语言模式在塑造我们的思维方式时确实能够发挥作用。[1] 从实用上说，这意味着当你学习一门新的语言时，你不只是在学习一种新的说话方式，而且是不可避免地在学习一种新的思维方式。

　　除了空间和时间这样的抽象或复杂的思维域之外，语言也对视知觉的基本方面 —— 例如区分颜色的能力 —— 有影响。说不同语言的人划分色谱的方式是不同的：一些人就比另一些人区分得更精细，操不同语言的人区分的界限往往不一致。

---

1. Ibid. , " How Deep Are Effects of Language on Thought? Time Estimation in Speakers of English and Greek " (in review); L. Boroditsky , " Does Language Shape Thought? English and Mandarin Speakers' Conceptions of Time , " *Cognitive Psychology* **43** , no. 1 (2001): 1–22.

　　为了测试色彩用语的不同是否会导致色彩认知上的差异，我们比较了讲俄语的和讲英语的人对蓝色色调的鉴别能力。俄语里没有一个用来涵盖英语里"蓝色"所指称的所有蓝色的词。俄语对浅蓝色（goluboy）和深蓝色（siniy）做了强制性的区分。这是否意味着在俄国人看来siniy色看起来与goluboy色很不相同呢？实验数据表明确实如此。讲俄语的人能用不同的俄语单词命名来更快地区分出两种蓝色（即一种称为深蓝，一种称为浅蓝）。而对说英语的人来说，所有这些色彩都归属于同一个词："蓝色"，而且在实验规定的大脑反应时间内想不出可比较的差别。

　　但当受试者被要求执行口头干预任务（念一串数字）同时进行颜色判断时，说俄语的这种优势消失了。而当受试者被要求执行同样困难的空间干预任务（记住新的视觉模式）时，则这种语言优势还存在。执行口头任务时这种优势的消失表明，语言通常参与极为基本的知觉判断——正是语言本身造成了说俄语与说英语的人之间的这种差异。当讲俄语的人被口头干预任务阻断了这种正常语感时，说俄罗斯和说英语的这种差异就消失了。

　　即使是语言的那些被认为琐屑不起眼的方面也对我们如何看待世界有着深远的潜意识的影响。以语法上的词性为例。在西班牙语和其他罗曼语里，名词不是阳性就是阴性。在许多其他语言里，名词被分为更多的性（"性"在这里仅具分类的意义）。例如，澳大利亚的一些土著语言中有多达16种性，包括猎枪、犬齿、有光泽物体等类。正如著名的认知语言学家乔治·拉克夫（George Lakoff）说的那样，这些词性可归为"妇女、火和危险的事情"。

语言在语法上有词性意味着，属于不同性别的词需要进行不同的语法处理，属于同一性别的词则遵从相同的语法处理规则。根据名词的性别，语言可以要求说话的人改变代词、形容词、动词词尾、所有格和单复数等。例如，俄语里说："我的椅子旧了（moy stul bil' stariy）"，你需要将句子中所有词的性与"椅子"（stul）的性保持一致，而这个词在俄语里属阳性。因此，"我""是"和"旧"这三个词必须使用阳性形式，就像你谈到生物上的阳性譬如"我祖父很老"这个句子里用的词的阳性形式一样。但如果现在不是说椅子，而是说床（krovat），这个词在俄语里属阴性，这时说话时用词的形式就与谈到你祖母时一样，"我""是"和"旧"这三个词需要用阴性形式。

俄语语法里椅子是阳性而床是阴性，这是否会使讲俄语的人认为椅子更像男人而床更像女人呢？事实证明确实如此。在一项研究中，我们要求讲德语的和讲西班牙语的受试者描述这两种语言中不同性别的对象。按语法性别预测，他们给出的描述具有差异。例如，当被要求描述"钥匙"——这个词在德语里是阳性而在西班牙语里是阴性——一词时，说德语的更可能使用诸如"硬的""重的""参差不齐的""金属的""锯齿状的"和"有益的"等词，而说西班牙语的则更有可能用"金色的""复杂的""小的""可爱的""发光的"和"单薄的"等词来形容。当描述"桥"一词时，这个词在德语里是阴性而在西班牙语里是阳性，于是说德语的受试者多使用"美丽的""优雅的""脆弱的""和平的""漂亮的"和"修长的"等词来修饰，而说西班牙语的受试者则用"大的""危险的""长的""结实的""坚固的"和"入云霄的"等词来修饰。即使让他们用语法上没有阴性阳性之分的英语来测试，结果仍然是这样。这些结果的相同模式还出现在完全非语言的任务上（例如，评价图片之间的相似性）。我们还可以证明，正是语言本身塑造了人们的思维特点：讲英语的人学习了新的语法性别系统后，在心里描述对象时就会受到语法上性的影响，其影响的特点与讲德语和讲西班牙语的具有相同的方式。显然，即使是语法上一丁点儿小的偶然性，譬如将一种语法词性任意分配到一个名词上，都会对人们指称具体对象时的思维产生影响。[1]

实际上，你甚至不需要到该实验室就能看到语言的这些影响，你用自己的眼睛在艺术画廊就可以看到这一点。看看一些著名的人格化艺术的例子 —— 其中抽象的实体，如死亡、罪恶、胜利或时间等，是如何通过人的形式被表现的。艺术家是如何决定用男人还是用女人来表现死亡 —— 譬如说 —— 或时间的呢？事实证明，这种人格化表现，无论是男性还是女性形象的选择，有85％的把握可通过艺术家母语单词的语法性别预测出来。例如，德国画家更有可能用男人来表现死亡，而俄罗斯画家则更有可能用女人来表现死亡。

语法的这种怪异性（如语法有性别）能够影响我们的思维，这一事实具有深远影响。这种怪异性渗透在语言的各个方面，例如，性别就适用于所有名词，这意味着它将影响到由名词指称的任何对象。这是多么大的一群！

以上我描述了语言是如何影响到我们对空间、时间、颜色和物

---

1. L. Boroditsky et al., "Sex, Syntax, and Semantics," in D. Gentner and S. Goldin-Meadow, eds., *Language in Mind : Advances in the Study of Language and Cognition* (Cambridge, MA : MIT Press, 2003), 61–79.

体等的思考。其他研究发现，语言还影响到人们如何解释事件、因果关系、掌握数字、了解材料性能、认知和情感体验、推测别人的思想、选择承担风险，甚至我们的择业和择偶方式。[1] 总而言之，这些结果表明，语言的过程遍及思维的最基本方面，无意识地塑造着我们的思维方式，从认知和感觉的基本单元到最抽象的概念和我们生活中的重大决策，无一能够摆脱。语言是我们作为人的经验的核心，我们讲的语言深刻地影响着我们的思维方式、我们观察世界的方式和我们的生活方式。

---

1. L. Boroditsky, "Linguistic Relativity," in L. Nadel, ed., *Encyclopedia of Cognitive Science* (London : MacMillan, 2003), 917–921; B. W. Pelham et al., "Why Susie Sells Seashells by the Seashore : Implicit Egotism and Major Life Decisions," *Journal of Personality and Social Psychology* **82**, no. 4 (2002): 469–486; A. Tversky and D. Kahneman, "The Framing of Decisions and the Psychology of Choice," *Science* **211** (1981): 453–458; P. Pica et al., "Exact and Approximate Arithmetic in an Amazonian Indigene Group," *Science* **306** (2004): 499–503; J. G. de Villiers and P. A. de Villiers, "Linguistic Determinism and False Belief," in P. Mitchell and K. Riggs, eds., *Children's Reasoning and the Mind* (Hove, UK : Psychology Press, in press); J. A. Lucy and S. Gaskins, "Interaction of Language Type and Referent Type in the Development of Nonverbal Classification Preferences," in Gentner and Goldin-Meadow, 465–492; L. F. Barrett et al., "Language as a Context for Emotion Perception," *Trends in Cognitive Sciences* **11** (2007): 327–332.

第 11 章
◎　萨姆·库克
记忆增强，记忆擦除：我们过去的未来

萨姆·库克（Sam Cooke）

　　神经系统科学家，他的工作涉及两个问题：学习时我们的大脑是如何改变的？大脑如何保持这种变化并存储为终生难忘的记忆？他在英国谢菲尔德大学学习哲学和实验心理学时开始对这些问题感兴趣。2002年，他从伦敦大学学院获得博士学位，论文题目为"运动记忆的产生"。在此期间，他澄清了通过联想学习获得简单运动技能的某些基本神经机制。毕业后他去了伦敦北部的国家医学研究所，并将研究方向转向情景记忆的神经基础研究。所谓情景记忆是指人对所经历的事件的细节的记忆。他还开始研究长时程增强现象，一种关于大脑记忆是如何通过突触改变来存储的模型。目前他是麻省理工学院的博士后，在这里他继续探索记忆生物学。

　　在21世纪里，人类很可能在内在经验性质的认识方面取得深刻变化。一旦我们理解了我们的记忆是如何形成、储存并在大脑中记忆的，我们就可以操纵它们 —— 塑造我们自己的故事。我们的过去 —— 或至少是我们对过去的回忆 —— 可能成为一个可选择的问题。

　　我们已经见识了号称是益智药的各种"聪明"药物的出现。这些药物提高了我们的学习速度和记忆容量，我们也许可以发展出一种选择记忆的技术，来保持我们希望记住的并摒弃那些我们不希望记住的。

最后，在遥远的未来，我们可能不必通过学习或实际生活体验来建立记忆。这些技术引入社会后会带来什么样的潜在的伦理后果呢？

　　在我们所拥有的所有素质里，只有记忆最好地将我们定义为一个个有别于他人的个体。例如，同卵双胞胎具有相同的基因，他人很难一眼就将他们区别开来，甚至对那些认识他们的人都很难，但他们的记忆是唯一的。有了记忆我们才能在世界上生存。记忆不仅提供了我们对年轻时玫瑰色的回忆，还让我们懂得了什么是正确的，什么是错误的；让我们学会了如何走路、说话、系鞋带；让我们有了可周游世界的地图。记忆还使我们能够分辨敌友，分辨家人和陌生人，区分事实和虚构。没有记忆，我们不仅失去了自我；从我们自身的角度来看，我们甚至都不存在。

益智药与记忆增强

　　记忆随着年龄变大而衰退是我们这个时代的特征。人类的平均年龄，特别是发达国家的平均年龄，因为预期寿命的提高和出生率的降低而以惊人的速度上升。据2003年2月美国疾病控制中心的题为"公众卫生及老龄化"的报告透露，在世界范围内，65岁以上的人口数量有可能在2000～2030年期间增加一倍以上，从4.20亿增加到9.73亿；而世界总人口则以相当慢的增长率增长；老年痴呆症折磨着很大一部分老年人；在美国，仅患阿尔茨海默病的老年人就占65岁以上老年人的10%，而且年纪每大5岁患此病的风险增加一倍。身份丧失及其对病人家庭的影响不只是花钱的问题：这种精神衰退给全社会带来的经济负担是巨大的，并且将随着老年人口的增长变得更大。

目前许多神经科学研究的目标都指向与老龄相关的记忆障碍的认知治疗。

　　用于治疗老年痴呆症的药品分为两类：一类是直接针对记忆障碍造成的记忆缺失，另一类则通过增强其他不相关的记忆过程来掩盖这种缺失。这第二类药物称为益智药（nootropics，这个词得名于古希腊词nous（精神）和tropein（转变）的合成），它也可以用来增强没患老年痴呆症的人的记忆。虽然记忆障碍的直接治疗非常重要，但益智药的研究也是制药公司特别感兴趣的一个领域，因为它的市场潜力更大。作为药品销售的第一种这类药叫吡拉西坦（Piracetam），商品名称叫益智丸（Nootropil）。尽管对其疗效和作用机制缺乏强有力的论证，但它非常受欢迎。潜在用户范围从期末考试的学生到试图在工作中出人头地的专业人士，不一而足。所有人都希望提高他们的记忆力和认知能力。

　　益智药本身可分为两类：①直接作用于信息存储和学习过程的药；②那些增强或模仿大脑的其他重要功能（如注意力、睡眠和奖励）从而促进学习和记忆的药。第二类药中好些早已为我们所熟悉（尼古丁、咖啡因、葡萄糖、安非他明、可卡因），天然植物和真菌的提取物如银杏叶、人参和海得金（Hydergine，麦角生物碱甲磺酸盐类）也已被明确作为益智药销售。有些药物属于无心插柳，是在广泛用于治疗其他精神疾病后被确认为具有益智作用的。我们可举出莫达非尼和利他林作为两个例子，前者原本是用于发作性睡病的治疗，后者用于治疗注意缺陷多动障碍症（ADHD）。目前这两种药物都被那些没有上述障碍但想提高认知水平的人当作补品使用。让制药公司真正得到实惠的很可能是其他种类的益智药 —— 那种直接作用于学习的分子过程的物质。人们希望，这种东西最好是比那些减少睡眠或增加注意力的药物的有害副作用更少。

　　我们距离完全解开记忆形成的秘密还有一段路程要走。大脑高速处理信息的能力以及能够瞬时变化以纳入新信息的能力使其成为大自然的伟大奇迹之一。大脑的处理速度是通过使用电信号（发送沿神经传导的冲动）和叫作神经递质的化学物质相结合来实现的，神经递质在称为突触的特化沟通点将信息从一个神经元传递到下一个神经元。具体来说，在突触处，神经递质漂移过称为突触间隙的小缝隙，并在另一边被叫作受体的专门收集站所收集，收集站再将化学能重新转换成电脉冲。这种突触传递过程是科学研究的一个主要焦点。

　　改变神经元之间沟通的方法有几种。在电传递过程中，发生改变的可以是释放的神经递质分子的数量，也可以是收集这些神经递质的受体分子的数量或效能。此外，突触形状或数量的变化将会对突触传递造成长期影响。这种修改称为突触可塑性。神经学家认为，记忆可能正是通过这种突触可塑性（在脑中形成沟通渠道）形成的。医药公司也对这些过程感兴趣，因为它们代表着潜在的益智药目标。尽管人们已做出很多努力，但迄今为止，直接用于提高突触可塑性的药物尚未面市。不过实现这一目标只是个时间问题。这种药物如果被证明是安全有效的，无疑将获得巨大的全球性销售市场。

选择性失忆

创伤后应激障碍（PTSD）是这样一种记忆疾病，它属于阿尔茨海默病系的另一极端：患有这种疾病的病人的大脑的信息存储是完好的，从而使特定的创伤事件深深地烙在病人的心中，使他们因恐惧而变得极度虚弱。这种病证通常出现在被强奸的受害者和战争归来的士兵身上，是当前医学研究的另一个重要方面。对PTSD的一种有效的治疗方法是在心理上擦除恐惧的原因，同时保留对人类经验的美好回忆。但如果人类的记忆依赖于相同的生物学机制，我们如何才能有选择地进行记忆而不会影响到其他方面呢？

人们早就知道存在所谓的遗忘剂 —— 一种在学习后的短时间内阻止形成长期记忆的物质。我们大多数人可能都有过这样的经历，晚上喝了太多的酒后记忆会丧失。吸食大麻的人也都知道这种毒品对他们的记忆有负面影响。但这种治标不治本的方法不适合PTSD的治愈，因为这种疾病的病因是突发事件，我们不可能事先获知而将自己灌醉。因此这里需要的是一种可以在事后实施治疗的药物，它可以影响到记忆的巩固过程。记忆的巩固通常发生在学习后的一段有限时间内，在此期间记忆会从早期脆弱的状态转变为后期永久性的状态。我们的神经生理在记忆巩固期内会出现某些重要的变化，使得记忆所基于的神经活动改变稳定。正是这些重要变化使我们能够保留终生难忘的记忆。

新蛋白质的合成似乎是其中的一个重要因素。人们差不多在50年前就已经知道，抗生素不仅能够阻止细菌产生新蛋白质来灭菌，而且对各种动物（从金鱼到人）采用不同的剂量可以使动物产生遗忘。[1] 这些结果第一次以科学证据表明，我们的记忆是由新蛋白质建立起来的。人们认为，不是暂时性记忆起因于突触上现有蛋白质的改变，而是长期记忆则需要这些蛋白质更新。但使用蛋白质合成抑制剂来治疗 PTSD 不太可能成为一种可行的方法，因为细胞的几乎所有主要功能，从分裂到修复，全都要依靠蛋白质的合成，因此采用抑制剂会带来损伤性副作用。

另一种做法是将目标锁定在大脑中调解情绪应激反应的系统。相关物质包括肾上腺素以及与此密切相关的去甲肾上腺素（一种在紧张情绪体验过后大量释放出的主要神经递质）。实验表明，在学习后记忆巩固的关键期，使用 β - 阻断剂（一种临床上用于治疗心脏疾病和怯场的药剂）来阻止去甲肾上腺素与受体的结合可以阻止大鼠和人的长期情绪记忆。[2] 普萘洛尔 —— β - 阻断剂中的有效成分 —— 目前已被大量应用于治疗 PTSD 的临床试验。

但这种疗法有其局限性，因为普萘洛尔必须是在突发事件过后的一小时左右施治才有效。而士兵在战斗情况下，你可以设想，士兵带上这些药片，一旦出现引起 PTSD 的事件后将立即吃药。在其他更意想不到的情况下，例如强奸或车祸，这样的治疗可能更不容易获得。但最近对情绪记忆的研究暗示了解决这个问题的一种办法。某些记忆形式并不简单遵循从脆弱到稳定的单向时序。事实上，由于存在所谓

1. H. P. Davis and L. R. Squire，" Protein Synthesis and Memory : A Review，" *Psychological Bulletin* **96**，no.3（1984）：518–559.
2. J. Debiec and J. E；LeDoux，" Disruption of Reconsolidation but Not Consolidation of Auditory Fear Conditioning by Noradrenergic Blockade in the Amygdala，" *Neuroscience* **129**，no.2（2004）：267–272；J. Giles，" Beta-Blockers Tackle Memories of Horror，" *Nature* **436**（2005）：448–449.

重新巩固（reconsolidation）的现象，某些情绪记忆，无论什么时候被唤起，都会重新经历一段时间，在这段时间里，采用普萘洛尔或蛋白质合成抑制剂很容易抹去这段记忆。[1] 因此，擦除记忆可以在任何时候进行，只要在服用普萘洛尔之前让病人回忆所发生的事件以便进入重新巩固状态即可。这种疗法还没有完全在人身上试用，要采用这种技术来治疗 PTSD 可能还要等上一段时间。但不论怎样，它最终可能会广泛应用于这类疾病以及其他一些记忆障碍疾病，如恐惧症或强迫症。

这种"回忆"疗法很可能让那些没患有这种疾病的人感兴趣。正如使用益智药使正常人的记忆增强一样，记忆擦除技术将带来深刻的社会影响 —— 一种在电影《美丽心灵的永恒阳光》（*Eternal Sunshine of the Spotless Mind*）里表现出来的场景：那种不需要的失败的爱情记忆被抹去，人们可以对世界保持一种理想化的观点。难道在未来我们真的能够将旧情人的一切从我们的头脑中完全抹去吗？

无需学习即获得记忆 —— 玛丽莲·梦露实验

横在记忆科学面前最具挑战性的障碍是创建一个对从未发生过事件的记忆。这被形容为玛丽莲·梦露实验 —— 之所以如此命名，是因为许多年长的男性科学家可能愿意为自己创造一个与20世纪最富性感的女神共度良宵的美好记忆，如果有机会的话。尽管这个实验的

1. Debiec and LeDoux, "Noradrenergic Signaling in the Amygdala Contributes to the Reconsolidation of Fear Memory: Treatment Implications for PTSD," *Annals of the New York Academy of Sciences* **1071**（2006）: 521–524.

名称显得轻浮，但如果它能够获得成功，那将是一个巨大的成就 ——
它最清楚地给出了我们关于记忆的生物学基础理解的证据。

　　关于大脑如何存储信息已有各种强有力的假设。当然到目前为止，
这些仍然是假设。我们知道，突触可塑性所涉及的分子很多都与记
忆有关。我们还知道，突触传递效能的改变往往伴随着新记忆的形成。
但是这些研究结果只是间接证据，它们揭示了现象之间的相关性而不
是因果关系。为了有力地证明突触可塑性的形成和记忆存储之间存在
着的因果关系，科学家们必须证明，突触可塑性对于学习的发生和记
忆存储是必需的。要做到这一点，科学家必须在不损害我们其他方面
生理功能的情形下有选择地禁用突触可塑性，然后他们必须观察到
记忆的丧失。在某些方面，上述记忆擦除实验可以做到这一点，但是，
即使我们能够证明其必要性，但仍存在一个突触可塑性是否充分的问
题，就是说，它必须是与学习和储存记忆有关的唯一过程。为了检验
这一假设，我们必须证明，化学突触功效的变化足以创建记忆。这就
是玛丽莲·梦露实验要取得的成果。

　　必要性和充分性两方面的证明界定了科学证据的过程。不幸的是，
检验这两个判据的实验也最难进行。就突触可塑性和记忆这一课题
而言，科学家还没能做到这一点，这样的实验还在进行中，因此突触
可塑性理论仍然是一种假说。做这种实验的困难有两个：第一，科学
家们必须在人脑的 10^{15} 个突触中准确确定与特定记忆的形成和存储有
关的子集 —— 既不多也不少；第二，他们必须能够以一种模拟自然
生理的方式来人为地改变突触。目前，这类实验正在动物（大鼠和小
鼠）身上进行。与人相比，这些鼠类的突触数量大大减少，并且我们

可以采用植入的方法来操控突触的强度。

对啮齿动物的记忆进行研究采用的是训练它们走精心设计的迷宫。动物利用水池周围的空间提示物来学习寻找不透明水面下隐藏的平台，或通过特定地点或声音与随即发生的电击之间的关联来使它们形成恐惧记忆。其他一些迷宫测试和训练仪器则用来检测啮齿动物的各种记忆，每一种记忆依赖于不同的大脑回路，科学家将这每一种记忆看作人类特定记忆类型的模型。我们开始了解脑的哪一部分区域传递着哪种类型的记忆 —— 情景记忆（对事件发生的时间和地点的记忆）、情绪记忆（对可怕事件或褒奖事件的记忆）、程序记忆（对获得的技能的记忆）等。光学成像和显微镜等新技术让我们能够实时观察突触在学习过程中所发生的变化。一旦我们能够观察到大脑在学习过程中的分子相互作用，并在足够精细的水平上测量神经活动的有关模式，我们就可以最终检测突触可塑性在记忆过程中的因果作用。

在不久的将来，玛丽莲·梦露实验的最佳逼近实验将能够在大鼠学习将地点与电击关联起来的过程中实时观察到大鼠大脑中发生的确切的模式变化。然后我们可以尝试着抹去这段恐惧记忆，这种抹去的效果可以通过观察动物在原先受到电击的地点呆着不动所花时间的长短来衡量。通过使用普萘洛尔将这段记忆完全擦除，应能使大鼠在这个地方完全不以不动状态停留，而是自由往来，就像是第一次来到这里。然后才谈得上重新安装记忆，即人为地复现我们在动物第一次受到电击时观察到的确切变化。如果动物确实又表现出呆立不动，这将表明大鼠的临震恐惧记忆已成功得到重新安装。

　　这一系列实验证据显然不能完全等同于真正的玛丽莲·梦露实验，因为动物亲身经历了最初的主要事件。尽管如此，它们在概念上是类似的，并有可能实现神经科学家要证明的特定生物过程的充分性的目标——眼下这个目标就是突触可塑性对于记忆形成的充分性。人们希望，通过在不同动物身上就特定内容的记忆进行实验观察，对其中的共性形成一种更广泛的理解，并最终使我们能够进行真正的模仿实验，即让记忆在一只完全天真的老鼠脑中复现。

设计记忆和科学发现的滥用

　　我们是否真的能将这种模仿实验移植到人身上，并尝试着进行玛丽莲·梦露实验完全是另外一个问题：首先，我们将不得不问自己进行这种努力是否值得。

　　历史表明，社会为达到任何可能的目的最终会采用一切可获得的知识和技术，不管这种技术手段是多么令人讨厌。各种科学发现最初都推进了我们对宇宙的理解，但随后很快就被付诸令人不齿的用途。从核裂变的发现到原子弹的出现是这样，从弗朗西斯·加仑的优生学到约瑟夫·门格尔在第二次世界大战中实施的人体实验也是这样。这种从发现到应用的进展在提高生活质量方面表现得也很明显，整容手术、伟哥和类固醇的泛滥就是例证。整形外科最初是出于救治严重烧伤病人这一仁慈目的发展起来的，伟哥则是作为一种治疗心绞痛的药物开发的，合成代谢类固醇的最初用途是重建伤后的肌肉以及治疗生长性疾病。但这三种疗法无一例外地都被用作他途来获利。人们或许会辩解道，这些生活方式的改进并不都应受到谴责，但这里想强调的是社会有必要探讨新的技术方法的所有潜在用途。

　　最先作为治疗阿尔茨海默病和其他形式老年痴呆症的益智药能找到更广泛的用途几乎是无可置疑的，譬如提高青少年和正常人的记忆。记忆擦除技术也可能成为普通民众的现实。人工记忆的形成目前仍是幻想，但总有一天会实现。随后设计记忆的丑陋前景就该出现了。通过长期服用益智药，我们可能会变得更加聪明。通过选择性记忆重建技术，我们还可以创建一个干净的内心生活。难道我们一定要形成一种意识经过美化，负面经验被剥夺，到处充斥着正面的虚假记忆的局面吗？这些技术真的能成为强有力的额外的精神控制武器，能够消灭我们记忆中的政治恶行并植入经过编辑的清洁记忆吗？

　　这种反面乌托邦显示了科学家的一种道德困境：当我们知道下述探索会从根本上改变多年来形成的社会结构时，我们还该不该为了治疗像阿尔茨海默病这样的认知失调症而去研制益智药？该不该尝试选择性地抹去由PTSD引起的恐怖记忆？该不该探索玛丽莲·梦露实验以最终检验我们关于记忆的生物学基础的假设？有人会说，对研究可能产生的影响作出道德判断，这不是科学家的事情，而是政府或是选民的责任，该是他们来决定哪些科学研究值得公共资金投入，哪些不。还有一种观点认为，任何新知识或技术引入公共领域所带来的复杂影响是很难预测的，我们不能为了回避未来的负面作用而抛开眼前利益。只有时间能告诉我们益智药和记忆重建技术是否对社会有益。但过去的经验表明，正像其他科学发现一样，我们很快就会使用和滥用这些成果，因为不管我们喜欢与否，我们已经登上迈向享受益智药、永恒的阳光和玛丽莲·梦露的"智能"新世界的征程。

第 12 章
想象的极端重要性

◎ 蒂娜·斯科尼克·韦斯伯格

蒂娜·斯科尼克·韦斯伯格（Deena Skolnick Weisberg）

耶鲁大学心理学系的博士生，攻读方向是发展心理学。她于2003年获得斯坦福大学认知科学学士学位，并在耶鲁大学先后获得了科学硕士和哲学硕士学位。韦斯伯格的研究主要集中在对非真实场景 —— 尤其是故事、假想游戏和非真实情形 —— 的创造和表达的认知技能，以及在儿童成熟过程中这些技能是如何发展的等方面。她还研究儿童如何学习新的形容词，研究成人误解科学发现（特别是神经科学方面的发现）的各种情形。她的研究已发表在多种学术期刊上，包括认知神经科学专业杂志《认知》和《科学》。

关于我们的认知能力的一个不寻常的事实是：我们不只是生活在真实中。我们可以回到过去（通过记忆回到我们自己的过去，或通过历史回到世界的过去），或展望未来，或神游幻境，并想象出那些我们明知其不真实也永远不会实现的各种可能性。

即使是非常年幼的儿童，也都能作出这种超越现实的幻想。这种能力的最早期的表现就是"假扮"游戏。孩子可以在没有任何茶点的情形下开茶话会，或一边拿着铅笔在桌子上游动一边学着汽车叫，他完全知道铅笔不是汽车。事实上，研究人员发现，两岁的孩子，作为这种假扮游戏的新手，已经懂得将假想的水泼在玩具熊上来浇湿熊宝宝，即使实际上没有水可浇，玩具熊也不会湿。[1]

随着孩子年龄的增长，他们对现实与幻想之间差异的理解力逐步深化。他们开始用一种成熟的方式来进行假扮游戏，感兴趣的故事也不再是他们自己的创造。最迟长到4岁，往往还要更早些，孩子们已经熟练掌握了真实和幻想之间的区别。他们报告说，像巫师和小仙女这样的生物并不是真实存在的。他们知道小熊在厨房做饭的图片描写的并非真实的事情，虽然小熊和厨房都是真实的。[2] 他们还懂得现实与幻想间差别的本质，因为他们知道真实的甜饼是可以吃的，而虚构的甜饼是不可以吃的。[3]

即使孩子们知道只有两类对象：一类是真实的，一类是虚构的，他们仍然明白所有这些区别。如果情形确是这样，那说明他们已能够正确地理解所有真实的物和人都属于现实世界，并相信所有虚构的物和人都属于同样虚构的世界。

下面这一点往往不是成年人所愿意相信的。成人通过不同的故事编造出各种虚构的世界，通常没指望不同故事里的角色互动。关公战秦琼那样的交叉故事——例如《怪物史莱克》或《新蝙蝠侠》——之

---

1. A. M. Leslie , " Pretending and Believing : Issues in the Theory of TOMM , " *Cognition* **50** (1994): 211–238.
2. 例如见 P. Morison and H. Gardener , " Dragons and Dinosaurs : The Child's Capacity to Differentiate Fantasy from Reality , " *Child Development* **49** (1978): 642–648, and A. Samuels and M. Taylor , " Children's Ability to Distinguish Fantasy Events from Real-Life Events , " *British Journal of Developmental Psychology* **12** (1994): 417–427.
3. H. M. Wellman and D. Estes , " Early Understanding of Mental Entities : A Reexamination of Childhood Realism , " *Child Development* **57** (1986): 910–923.

所以显得生动有趣，正是因为它们出人意表，它们不遵从那种隐含的规则，即不同的故事是相互分离的。在正常情况下，故事中的人物都待在自身适当的虚构世界里。

我设计了一组研究实验用以了解儿童是否像成人那样能够理解幻想王国里的这些差别，还是他们只能理解真实与幻想之间的区别。我向 4~5 岁的儿童问了 3 个问题，都是关于他们熟悉的角色的，像蝙蝠侠和棉球方块等。首先，我问他们是否明白这些人物其实是虚构的。（"你认为蝙蝠侠是真实的还是捏造的？"）其次，我问他们是否明白在同一个故事里，虚构人物之间彼此认为对方是真实的。（"蝙蝠侠对罗宾是怎么看的？蝙蝠侠认为罗宾是真实的还是虚构的？"）最后，为了测试儿童是否能够将故事组织成不同的世界，我问他们不同故事里的人物可不可以彼此接触。（"蝙蝠侠对棉球是怎么看的？蝙蝠侠认为棉球是真实的还是虚幻的？"）

儿童对所有三组问题的反应与成年人对同样问题的答复没有两样。像成年人一样，孩子们认为，蝙蝠侠是虚构的，但是蝙蝠侠和罗宾彼此之间认为对方是真实的，而蝙蝠侠和棉球都认为对方是虚构的[1]。关于这些反应的一个显著特点是，儿童（成人也如此）可能不会明确想到各人物之间的关系，但当我让孩子们归类这种关系时，他们做起来一点都不困难。儿童和成人一样为他们知道的故事设计了组织结构，即使他们可能没有意识到他们为什么要这样做。

这一结果促使我想知道孩子们在假扮游戏中是否也同样会区分

1. D. Skolnick and P. Bloom, "What Does Batman Think About SpongeBob? Children's Understanding of the Fantasy/Fantasy Distinction," *Cognition* **101**（2006）: 69-78.

清楚。假扮游戏与故事一样，都是表现非现实的情形，都涉及人物和一系列行为 —— 但与故事不同的是，在假扮游戏中，儿童有更多的角色体验，而且可以直接控制角色。那么到底是什么因素决定了儿童能够区分假扮游戏世界中的相同或不同点呢？

为了回答这个问题，我和我的研究助理创建了两个假扮游戏，所设的场景类似于先前研究中提出的两个故事情形。我们用一组彩色积木作为两个游戏中的假想物。例如，在第一个游戏中，玩具熊需要洗澡。孩子可以用积木作为假想的肥皂来给小熊洗澡。在第二个游戏中，布娃娃需要午睡，孩子可以拿第二块积木给布娃娃当枕头。

现在问题的关键是，儿童是将两个游戏看作是不同的世界呢，还是将两者看作是可以互通的？在这里，我想测试孩子是否会将一个游戏里的东西移到另一个游戏里。因此我对孩子说，现在小熊洗过澡要睡觉了，小熊需要一个枕头，你给小熊拿个枕头。这里孩子的反应可能是两种：从娃娃游戏中取过枕头或拿一个新的积木当小熊的枕头。前者的选择可能表明，孩子对两个假扮游戏不做区分 —— 就是说，一个游戏里的物体可以毫不犹豫地移到另一个游戏里。后者的选择将意味着孩子对两个游戏做出了区分，他不愿将相关物体从一个游戏移到另一个游戏里。研究表明，几乎绝大多数孩子都会选择一个新积木块做枕头而不是将另一个游戏里的枕头拿走。而且两个游戏不论是先后进行还是同时进行，他们的反应都一样。

因此似乎是，孩子对待假扮游戏与他们听故事时是一样的，两种类型的虚构情形具有相同的组织结构。存在共同结构这一点表明，人在故事和假扮游戏里采用的思考方式是同一种认知机制，我称之为假设－推定（what-if）机制。顾名思义，这一机制是一种检测认知的手段，我们可以通过设问"如果……会怎样？"来探索现实中不存在的各种可能性。通过发挥想象、设立场景并在此背景下进行演绎就可以实现这种检测。有时我们还可以借助于文学作品和电影来实现这一点，我们可以按照作品的思路继续演绎下去来探索各种可能性。如果我一转身就隐形了那会怎样？如果真有一颗魔戒会怎样？如果这颗魔戒落入霍比特人[1]之手又会怎样？如果那个名叫郝思嘉的年轻高傲的姑娘生活在南北战争时期的美国南部会怎样？在所有这些情形下，为了将我们自身从当前现实中抽离出来，我们需要做的就是问"如果……会怎样"。

我认为我们对所有涉及现实以外情形的想象都有赖于这种机制的支持，无论是听故事、玩假扮游戏、做白日梦、想象未来或试图找出过去发生的什么事情，均不例外。在所有这些情形下，我们需要建立一个超脱现实的代表物。然后，我们知道我们正游离于现实之外，我们也知道这些代表物不是真的。在现实中，这是一支铅笔；但在假扮游戏里，它就是一辆汽车。在现实中，不存在布鲁斯·韦恩这个人；但在故事里，布鲁斯·韦恩不仅存在，而且过着一种打击犯罪的超级英雄的秘密生活。当我们设想另一种过去（反事实推理）或规划着未来（假设推理）时，采用的是完全一样的推理过程。在现实中，事态只以一种方式发展；但在我们的想象里，事件则可能完全按另一种方式发展。在现实中，我们只能看到眼前的一切；但在想象中，我们可

---

1. 英国作家 J. R. R. 托尔金 1937 年创作的小说《霍比特人》的主人公，长得矮小但生性善良。这部小说是《指环王》三部曲的源头。—— 译注

以提出各种可能的未来图景，以帮助我们预测将会发生什么，最佳的行动方案是什么。我把所有这些类型的陈述称为虚构的世界，用以突出其两大属性：它们不是真实的，而且我们知道它们不是真实的。

我的研究的主要目标是找出假设推定机制的性质以及它是如何使我们能够创造并理解虚构世界的。在这两项研究中，至少有一个印记已显露出来：多重虚构世界是彼此分开的。这些研究在故事和假扮游戏里都发现存在这种多重世界结构，我希望在今后的研究中，我们从反事实推理和假设推理中也能找到这种结构。

除了多重虚构世界彼此分开这一点外，假设－推定机制的另一项工作是探寻现实与虚构的边界。从某种意义上说，这条边界是刚性的。像蝙蝠侠这样的人物是虚构的，不可能转移到现实中。假扮游戏里当作甜饼的积木也不会被误认为是现实中真正的甜饼。但在其他方面，这条边界要模棱两可得多。譬如，我们是带着现实世界的许多特征进入虚构世界的。蝙蝠侠可以成为打击犯罪的超级英雄，时间旅行也是可能的，但二加二仍然等于四，水在冷冻时仍然变成冰，一件东西是蓝色的它就不可能同时又不是蓝色的。各种数学、科学和逻辑上的规律仍然有效，不论这种虚构的世界有多大的不同。因此，假设－推定机制必须能够将现实世界中的事实和规则以适当方式投射到虚构的世界。

此外，当我们从虚构世界里出来回到现实中来时，我们带回来虚构世界里的许多特征，这么说听起来似乎有些奇怪，但考虑到我们从读书、看电影和电视节目中学会了很多关于现实世界的许多东西（如果没有这些媒体，有些重要的知识我们可能永远学不到），就一点也不奇怪了。当我们阅读或观看《奥赛罗》时，我们懂得了嫉妒具有破坏力，即使我们从来没有被嫉妒逼得发疯，而且可能永远也不会有。当我们观看电视剧《犯罪现场调查》时，我们学会了怎样收集和分析DNA证据，即使我们在现实生活中从来没有见过或使用过这些技术。如果有人告诉你，他打算通过阅读托尔斯泰的小说来寻找19世纪俄国的生活特征，你不会感到惊奇。从小说里学习如何应对现实问题这种事情无时无刻不在发生，无论是了解情感的真实性，还是感受一个国家或一个时代，或拾取某些实用信息，无不如此。

正是虚构世界的认知特点使得它对我们非常有用，对成长中的孩子就更有用了。有许多现实情形是我们无法直接探索的，对儿童更是如此。但通过我们的想象，我们无需去实际经历仍然可以学到很多东西。事实上，一些研究人员推测，这正是假扮游戏的意义所在：让孩子们有更多机会扮演其他社会角色，或在一个安全、独立的环境下探索他们个性的其他方面。儿童从假扮游戏里可能不像听故事那样能够了解到事情的实际情形，但他们可能会学习社交经验和情绪体验，譬如在某些情况下如何互相交往，或做一件现实生活中从未经历过的事情是什么感觉，等等。

每天都有需要我们去解决的问题。我们需要借助于假设－推定机制来处理。譬如汽车发动不起来了，我们必须找出原因。我们可以设想一种虚构的情形：是电池没电了吗？是变速器坏了？对于我们想象得出的每一种可能性，我们用假设－推定机制来构造一个情景，如果这种可能性是真实的，那么接下来会发生什么。然后我们回到现实中来，利用想象场景得到的信息来检验这种可能性。如果是电池没电了，我可以采用助推启动方式来发动汽车；如果是变速器出了毛病，那么助推启动就不会起效。甚至一些简单的计算也需要发挥想象力，需要采用假设－推定机制，需要跳出现实外。现实不提供任何帮助，汽车不会自己启动，而这一切信息我都已掌握。为了让汽车启动，我可以独自一人竭尽各种可能情形以便从现实中获得更多的信息，但是这不是一种实际的收集数据的方法，而是通过暂时搁置事实，发挥想象，并从中找出错误。我可以最佳地利用我的时间和资源来解决我所面临的问题。

假设－推定机制的这种功能对于儿童更是必不可少，因为现实中会有那么多的问题让他们难于理解。他们不可能为了掌握事情的要点而去尝试每一种可能性。像成人一样，他们需要跳出现实，通过想象来工作：如果做了某件事，结果会怎样。如果结果有利，他们就会继续尝试；如果结果不对，他们就会设想另一种可能性并采取不同的行动，他们不会把时间浪费在行不通的事情上。

假设－推定机制基本上是一种学习引擎。虽然它的主要功能是让我们超脱现实，但这些虚构的场景为我们提供了认识现实的新的窗口。玩游戏或听故事不只是很有趣，更重要的是在此基础上，假设－推定机制发挥着从这些虚构世界里获取对现实世界有用的信息的功能，这种机制扩展了我们的实际知识、情感体验和社会知识。关键是要确保它从中提取的是正确的信息。这是我以后要研究的主要问题：我们如何知道从虚构世界带回到现实里来的信息是适当的？我们自动地就知道这一点吗，正如我们自动地就知道如何创建虚构世界那样？抑或是需要经过经验和学习呢？

　　我相信答案在于两者之间。儿童可能内在地就知道他们可以从虚构场景中获得在现实世界里有用的信息。正是这一点使他们能够在他们所设计的未来世界里采取行动，也正是这一点让他们在假扮游戏世界里学着处理现实世界的问题。但成年人从虚构世界取得的东西与孩子的所获还是有细微差别的。举例来说，哈利波特不是真实的，我们不会将这个角色带到现实里来。这一点连孩子都知道。但是，他在英格兰所居住的房子——Privet Drive 4 号——到底有没有呢？这条街在现实中存在吗？他的导师邓布利多（Dumbledore）教授肯定是虚构的，但现实中有没有类似的人呢？也许会有，但这种类似表现在哪方面呢？真实的人不会有邓布利多那般神奇能力，但他的其他身体或心理特征在现实中有潜在的原型吗？

　　成年人对这些问题的微妙的直觉不是孩子能够分享的。儿童的直觉往往比成人更偏激，也就是说，他们可能会把太多或者是太少的东西从虚构带到现实中来。儿童对虚构与现实之间界限的认识可能比成人更模棱两可，他们可能会将虚构世界里的几乎所有东西搬到现实中来，因此相信那些在现实世界里不存在的古怪的东西和规则会起效。相反，他们可能比成人更看重虚构与现实的分离。他们不明白，即使是在故事里，许多关于人们之间的相互交往和物理现象其实在现实中是很容易发生的。

　　我希望能够阐明这些问题。但现在有一点是清楚的：那就是假设－推定机制对于儿童十分重要。这种基本的想象力技能，即让我们能够暂时跳出现实去发挥各种可能性的能力，是儿童了解世界的主要工具之一。

第 13 章
脑时间

◎ **戴维·伊戈尔曼**

戴维·伊戈尔曼（David M. Eagleman）

　　在莱斯大学和牛津大学获得英美文学学士学位，1998年在贝勒医学院获神经科学博士学位。他目前担任贝勒医学院认知与行为实验室主任。这个实验室的长期目标是时间知觉的神经机制研究。伊戈尔曼还领导着贝勒医学院关于法律、脑和行为的创新计划，其目的是探求神经科学领域的新发现是如何改变我们的法律和刑事司法系统的。伊戈尔曼还是下述两本书的作者：《萨姆：晚年的40件轶事》（*Sum：Forty Tales from the Afterlives*），以及《可塑性：大脑如何重新配置自身》（*Plasticity：How the Brain Reconfigures Itself*）。

　　从某种程度上说，蒙古军队指挥官忽必烈（1215—1294年）意识到他的帝国变得如此广阔，以至于他永远无法看清楚这个帝国到底覆盖了多大区域。为了解决这个问题，他委派使者前往帝国的遥远边疆去传回他所拥有国土的最新信息。由于他的这些使者需要从不同的距离带回信息，传递的速度也不一样（取决于天气、战争状态和使者自身的健康状况），因此这些信息是在不同时间抵达的。虽然还没有历史学家考虑过这个问题，但我想象大汗一定不得不反复面临这样一个问题：帝国发生的这些事件的顺序到底是怎样的？

　　毕竟，你的大脑被静静地包裹在颅腔之内。它与外界的唯一联系是通过沿神经束高速路传递的电信号。由于不同类型的感觉信息（听觉、视觉、触觉等）是由不同的神经结构按不同速度来处理的，因此你的大脑面临着一个巨大的挑战：复现外部世界的最佳方式是什么？

　　将时间比作河流 —— 均匀流动，永远向前 —— 的时代已经过去了。如同视觉一样，我们对时间的知觉是由大脑构建的，这在实验上验证起来相当容易。我们都知道有视错觉，即事情看上去与其实际情形不同，但很少有人知道还存在一种时间错觉。一旦你开始寻找时间错觉，你会发现它们似乎无处不在。在电影院里，你将一系列静态图像感知为一幅流畅的场景。或许你已经注意到，每当一瞥时钟秒针的一刹那，常常会感觉到秒针移动到下一个位置似乎需要比通常更长的时间，就好像时钟被暂时冻结了一样。

　　在实验室里你可以了解到更奇妙的时间错觉。在我们的眼球快速运动过程中 —— 譬如在注视一个闪烁的亮光之后，或在一系列重复出现的图像中突然看到一个"怪物"时 —— 我们对时间间隔的感知就会被扭曲。如果我们采取某种措施使你的运动性动作与你对这些动作的感觉反馈之间产生一些延迟，那么我们就可以使你感觉出你的动作和感受似乎出现了时间上的倒错。人的同时性判断在反复的非同时性刺激下会出现偏差。在自然界这个实验室里，像可卡因和大麻这样的毒品，或像帕金森症、阿尔茨海默病和精神分裂症这样的疾病，都会造成时间感觉上的扭曲。

　　试着做这样的练习：放下本书去照镜子。现在让你的眼睛反复来回运动：盯着镜子里你的左眼看，然后再盯着右眼看，然后再换到左眼，如此反复。按理说，当你将眼睛从一个位置移到其他位置时，是需要时间来移动并将视线落在某个位置上的。但这里怪了：你从镜子里永远也看不到你眼睛的移动。在你眼睛移动时到底发生了什么呢？为什么当你改变视线时你感觉不到时间的间断呢？（请记住，我们很容易看到别人的眼睛移动，因此不存在因眼球运动速度太快而看不到这种可能。）

所有这些错觉和扭曲都是你的大脑在构建时间表示时引出的后果。当我们仔细研究这个问题后，我们发现，"时间"不像我们想当然地认为的那样是一种单一的现象。这一点通过一些简单的实验就可以说明。例如：在不断播放的一系列图片中突然插入一张搞怪的照片，那么你会觉得这张搞怪照片的放映速度似乎较慢，虽然它的实际放映速度与其他照片并无二致。在神经科学文献中，这种效应最初被称为主观的"时间扩张"，并且这样一种描述引出了一个重要的时间表示问题：当感觉到时间扩张或收缩的那一刻，是不是一般意义上的时间感觉也放慢或变快了呢？譬如说，在你突然看到"怪物"时，是不是这时朋友说话的声调似乎也较低沉，就像播放速度突然变慢的唱机发出的声音那样？

如果我们的感觉的工作模式如同一部电影放映机，那么当某个场景的播放速度放缓时，其中的一切就都会变慢。譬如影片以慢速放映一辆警车冲过斜坡，这时不仅警车在空中会停留较长的时间，而且它的警报声也将变得较低沉，其灯光闪烁的频率也变得较低。另一种假说则认为，不同时间判断是由不同的神经机制产生的——它们经常同步，但这并不是必需的。因此警车可以在空中停留较长时间，但其警报声和灯光闪烁的频率不变。

现有数据支持第二种假说。[1] 时间错觉并不等同于电影放映时那样的统一的时间变慢。如同视错觉一样，我们对时间的感知依赖于各种单独的神经机制的协同，这些神经作用机制通常是协调的，但在特定情形下也可以是分开的。

这是我们在实验室中发现的情形。那么现实生活中的突发事件，如在新闻报道的车祸和抢劫事件中，人们感觉时间过得"很慢"是否可能有所不同呢？我和我的研究生钱斯·斯特森（Chess Stetson）决定将这个陈述变成一个真正的科学问题。我们的推理是，如果人在恐惧时感觉到时间是以一种统一的步调变慢，那么这个慢动作应该具有更高的时间分辨率——就像我们观看蜂鸟的慢镜头，我们可以观察到正常播放速度下看不清的蜂鸟的更精细的短暂行为，因为高速相机抓拍的速度要比蜂鸟拍打翅膀的速度更快。

我们设计了一个实验，在其中受试者只有在经历高时间分辨的情形下才可以看清一个特定的画面。我们利用的是这样一个事实：大脑视觉系统是在小的时间窗口内整合视觉刺激的，如果在一个时间窗内（通常为100毫秒）有两个或更多个图像被接收到，那么这些图像将被感知为一个单一的图像。例如，一种称为幻影转盘的玩具在碟片的一边可能是一幅鸟的图片，碟片的另一边是树枝的图片，当转盘高

---

1. V. Pariyadath and D. M. Eagleman，" The Effect of Predictability on Subjective Duration，" *PLoS ONE*（2007）.

速旋转起来后，光盘两边就会快速交替，鸟看上去就像停在了树枝上。我们决定利用这种图片及其负片之间的快速交替作为刺激。受试者在图像交替速度很慢时辨认图像没有任何问题，但当交替速度加快后，就像鸟登上树枝一样，其结果是他们无法区分正片和负片。

为实现这一点，我们设计了一种仪器（知觉计时器），它可以按可调的速率交替地展示一个随机数字及其负数。我们用这台仪器测量了受试者在一般的放松情形下准确读出数字的阈值频率。然后，我们将受试者吊到一个离地面15层楼那么高的平台上，知觉计时器则像手表一样绑在参与者的手臂上，只是交替显示随机数及其负数的速率要稍快于阈值频率。然后放手让受试者经历三秒钟的自由落体降落（绝对安全！）。在下落过程中，受试者读取数字。如果在自由降落过程中受试者经历了较高的时间分辨，那么他感知到的图片交替出现的速度就会变慢，他就能够准确读出通常状态下无法辨认的数字。[1]

结果如何呢？受试者在自由落体情形下读取数字的能力并不比实验室情形下更好。这并不是因为他们闭上了眼睛，或者不够专注（这一点我们有监测），而是因为他们终究无法像时间变慢情形下（如《黑客帝国》里的"子弹时间"）那样来辨认数字。然而，他们对流逝的时间本身的感知确实受到很大影响。我们要求他们用秒表记录下他们感觉到的下落时间。（"在心里重建自由落体过程。当你感觉到被释放时按下秒表，然后当你觉得落地时再次按下秒表。"）在这里，与传

---

1. A critical point is that the speed at which one can discriminate alternating patterns is not limited by the eyes themselves, since retinal ganglion cells have extremely high temporal resolution. For more details on this study, see C. Stetson et al., "Does Time Really Slow Down During a Frightening Event?" *PLoS ONE*（2007）.

闻一样，他们对自己的下落时间估计要比对别人的下落时间估计平均
延长近1/3。

　　我们如何理解在自由落体中受试者的时间感觉延长了但他们辨
认图像的速率却没有提高这样一个事实呢？答案是，时间和记忆是紧
密联系在一起的。在危急时刻，大脑中一个被称为杏仁核的核桃大小
的区域转入高速运转状态，征用了大脑的其他资源，迫使一切注意力
都转向眼前的情况。当这个杏仁核启动后，记忆被保存在二级存储系
统内，由此形成了创伤后应激障碍症日后的闪光灯泡式的记忆。因此，
当你处于危急之中时，你的大脑会以更好的"固化"方式来保存记忆。
一经重新回忆，这些高密度数据展开来就会使事件显得较长。这也许
可以解释为什么时间的流逝似乎随着年龄的增大而加快：你发展出了
更高压缩比的事件记录方式，因此要读取记忆相应地就变得较为困难。
当你是一个孩子时，一切都那么新颖，丰富的记忆让人感觉到时间的
推移是那么缓慢 —— 譬如当你回忆童年的夏天是如何结束时就是这
种感觉。

　　为了进一步了解大脑是如何建立时间知觉的，我们必须了解大
脑中的信号是在哪里、在何时建立起来的。人们早已认识到，神经系
统研究面临着特征绑定（feature-binding）的挑战 —— 就是说，我们
是如何从知觉统一性上来把握对象特征的。譬如说，红色和正方形不
是一个流动的红色正方形。从当代对哺乳动物大脑的观点上看，特征
绑定通常被正确执行这一点并不令人惊讶，因为在哺乳动物的大脑
里，不同类型的信息是由不同的神经流来处理的。特征绑定需要协
作 —— 不仅是不同感官（视觉、听觉、触觉等）之间需要协调，而且

同一个感觉通道内的不同特征之间（譬如视觉上就有颜色、运动、边、角等特征）也需要协调。

但脑科学必须解决的问题中还有一个更深层次的挑战，离开它特征绑定几乎是不可能的。这就是时间绑定（temporal-binding）的问题：我们对世界上发生的事情是如何正确分配时间的。这一挑战是，不同的刺激特征是如何以通过不同的处理流运动并以不同的速度进行处理的。大脑必须考虑信息在各感觉通道中以及在不同感觉通道之间的传递速度上的差距，如果它要确定世界上各种事物之间的时序关系的话。

神经信号传递的特征时间尺度有很宽的范围，这一点颇显神秘。人类在进行时间判断时，有相当精确的分辨本领。视觉能够识别的两个刺激可以精确到5毫秒，对它们的时序判断可以精确到20毫秒。大脑是如何以如此精确的分辨本领来识别空间和时间上混乱的信号的呢？

要回答这个问题，我们必须研究一下视觉系统任务和资源。作为其任务之一，视觉系统 —— 位于头盖骨后部的幽暗区域 —— 必须获得正确的外部事件的时间特性。但这个过程涉及提供资源的器官 —— 眼睛和丘脑 —— 的独特性。将信号馈入视觉皮质的这些结构有自身的进化史和特异反应通路。因此，信号会从视觉系统的第一级（例如基于物体的明暗）及时地传播开来。

因此，如果大脑视觉系统要得到正确的事件时序，它只能有一个选择：等待最慢信息的到来。要做到这一点，它必须等待大约 1/10 秒。在电视广播发展的早期阶段，工程师们曾担心如何保持音频信号和视频信号的同步问题。后来他们意外地发现，他们可以有 100 毫秒的下降沿：只要信号在这个窗口内到达，观众的大脑会自动同步信号；而超过了 1/10 秒，声像同步性就很差了，如同观看一部配音低劣的电影。

这个短暂的等待期使视觉系统可以对前期输入的各种信号延时进行平衡。但是它对于追忆过去的感觉不是很有利。动物进化出一种明显的生存优势，那就是尽可能在接近目前的形势下行动。动物都不想生活在遥远的过去。因此，1/10 秒窗口是大脑更高层次运行所允许的最小延迟，它可能觉得视觉系统第一级引起的这个时间窗内的延误还在目前这个边界范围内。这个延迟窗意味着，我们的意识是后叙事性的，是一种从事后时间窗口里取来的数据，它只能提供对所发生事件的追溯性解释。[1]

这种等待最慢信息的战略有巨大好处，那就是使得对物体的识别与照明条件无关。想象一下，一只斑斓大虎从树丛中扑出向你奔来，身形矫健得像阳光下几道剪影。如果老虎的明暗条纹引起的输入信号需要通过不同时间才能感知，那要识别这只猛兽该有多么困难。那样的话，在你意识到将成为老虎的午餐之前你可能只能将这只老虎感觉成时空中的若干碎片。好在我们的视觉系统已经进化到可以协调好以不同速度流入的信息，它的好处就在于无论什么光线条件下你都能识

---

1. 我们于 2000 年引入 postdiction 一词，用来描述大脑在事后收集信息并形成知觉的行为。见 D. M. Eagleman and T. J. Sejnowski，"Motion Integration and Postdiction in Visual Awareness，" *Science* **287**（2000）：2036–2038.

别这是只老虎。

　　这种假设 —— 系统等待着收集流过时间窗的信息 —— 不仅适用于视觉，也适用于更广泛的其他感觉系统。虽然我们测得的视觉窗口为1/10秒，但听觉或触觉的这一窗口的宽度可能有所不同。如果我同时触摸你的脚趾和你的鼻子，你会觉得这些触摸是同步的。这令人惊讶，因为信号从你的鼻子到达大脑肯定快于从脚趾到大脑。为什么你不觉得是先触及鼻子呢？是不是你的大脑在等待看看还有什么会出现在脊髓管道，直到它确信从脚趾传上来的较慢的信号已有足够时间传递到大脑？这听上去很奇怪，但却可能是正确的。

　　情形可能是，一个统一的、多通道感受世界的知觉系统（polysensory perception）需要等待传递最慢的总信息。如果仅从沿四肢传导的时间考虑，这便导出了一个怪异但可检验的联想：在过去，高个子的人可能比矮个子的人活得长。对信号传播的等待的结果是，知觉变成了如同电视节目直播。电视节目其实并非真正的直播，而是有一段小的时间延迟，因为播出的内容需要进行必要的编辑。

　　等待收集所有信息的假说部分地解决了时间绑定的问题，但不是全部。第二个问题是：如果大脑是以不同的速度收集来自不同区域不同感官的信息，那它是如何确定这些信号达到彼此协调的呢？为了说明这一问题，你不妨在眼前打个响指。你眼睛看到的手指动作和听到的响指声似乎是同时出现的。但事实证明，这一印象是你的大脑辛苦构造出来的。因为不管怎么说你的听觉和视觉处理信息的速度是不同的。短跑运动员起跑用发令枪而不是闪光灯就是因为你对声响的反应比对闪光更快。早在1880年人们就已经知道这一事实。生理学在近几十年里证实：听觉皮质细胞对声音的响应要比视觉皮质细胞对闪光的反应更迅速。

这个故事说到这里好像该告一段落了。然而，当我们离开运动反应领域，进入了知觉领域（即描述你看到和听到的东西）后，情况变得更扑朔迷离了。一旦涉及意识，大脑就有一大堆问题需要处理，这些问题涉及如何将外部世界的同步输入信号在感知上取得同步。只有这样，你才会同时感受到发令枪响及其闪光。（发令枪距离你最多30米远，超过这个距离，光速与声速的差异就会造成视觉和听觉接收到的信号不同步。）

但既然大脑在不同时间收到信号，它又怎么能知道外部世界的这些信号应该是同步的呢？它是如何知道枪响不是发生在闪光前的呢？实际上，大脑始终处在对预期的到达时间进行不断重新校准的状态。它是通过一个单一的简单假设开始来做到这一点的：如果它发出一个运动行为指令（譬如拍手），所有的反馈接收系统假定都是同步的，所有延迟都被调整到感知为同时。换句话说，预测输入信号的预期相对时长的最佳方法是与世界互动：你每踢一脚，或触摸或轻敲某件东西，你的大脑就作出一次假设：这些声音、影像和触感都是同时发生的。

虽然这是一种正常的适应机制，但我们已从中发现了一个奇怪的结果：假设你每次按下键，都会引起闪光。想象一下，假如我们偷偷地在按键和随后的闪光之间设置了一段小的延迟（例如200毫秒）。

这么小的额外延迟你是意识不到的。但现在如果我们突然撤去这个延迟，你会认为闪光出现在你按键之前，一种动作及其感觉颠倒的错觉。当然，大脑会很快让你意识到这一点，因为它会及时调整延时。

注意，主观时间节奏的重新调整不是大脑在耍把戏，它对于解决因果关系问题非常重要。说到底，因果关系是借助于时序来判断的：我的动作是出现在来感觉信号之前还是之后？解决这个问题的唯一办法是使各种信号的预期时间保持良好的校准，使得即使是面临速度不同的感觉途径大脑也能准确地确定"之前"和"之后"。

必须强调的是，我在这里讨论的一切都是关于自觉意识的。前意识反应似乎显示，运动系统不会等到所有信息都到达之后才作出决定，而是在意识参与之前由皮质下快速通路尽可能迅速地作出反应。这就提出了一个问题：知觉采用的是什么途径？特别是考虑到它滞后于现实，这个问题显得更加突出。是回溯性的，还是通常由自动（无意识）系统从速进行的？答案最可能是，知觉是认知系统能够按后一方式进行的信息表述。因此，对大脑来说重要的是，需要有足够的时间按最佳解释来说明刚刚发生了什么，而不是拘泥于最初的快速解释。它要将认知系统得来的信息精心提炼成一幅完整图像，就需要花上时间。

神经科医师能够诊断出各种大脑受损的方式，将脆弱的知觉镜像破碎成意想不到的碎片。但现代神经科学一直没问过这样的问题：时间失调该是什么样子？我们大致可以想象，这种病证就像失去色觉，或听觉，或命名能力的病证。但时间构建系统受损是一种什么样的感觉呢？

最近，一些神经科学家开始认为，有些障碍——例如语言生产或阅读——可能起因于潜在的时间节奏问题而不是语言能力本身的障碍。举例来说，患有语言障碍的中风病人在区分不同时间间隔方面更困难，诵读困难病症的阅读障碍可能与无法准确协调好听觉表示和视觉表示之间的节奏有关。[1] 最近我们发现，时序判断缺陷可能是早发性痴呆精神分裂症的症状背后的原因。这些症状有：错误归因（"我的手在动，但我并没有让它动"）；幻听，即正常的内心独白的产生和听觉之间的顺序颠倒。

随着脑时间研究向前推进，我们很可能会发现许多与临床神经学有关的问题。目前，大部分可以想象的时间病症被归类到痴呆症或定向障碍，因为包罗万象的诊断技术错过了许多重要细节。我们希望在未来几年这方面能够受到关注。

最后，对时间问题的远期研究可能会改变我们关于其他领域（如物理学等）的观点。我们的目前的大部分理论框架都包含了牛顿力学意义上的时间变量 t，这是一种单向的时间。但当我们开始明白，时间其实是大脑的构造，像色觉一样也会产生错觉时，我们也许最终会从方程中去除这种知觉偏见。我们的物理学理论主要是建立在我们对世界的感知这个滤器之上的，而时间可能是这一征途中最难剔除的。

---

1. R. Efron, "Temporal Perception, Aphasia, and Deja Vu, "*Brain* **86**（1963）: 403–424; M. M. Merzenich et al., "Temporal Processing Deficits of Language+Learning Impaired Children Ameliorated by Training, "*Science* **271**, no. 5245（1996）: 77–81.

第 14 章
◎万内萨·伍兹和布赖恩·黑尔

超越大脑：为什么智人要从树上下来，为什么其他动物不跟着学？

万内萨·伍兹（Vanessa Woods）

《猴有猴的生活》（*It's Every Monkey for Themselves*）一书的作者，获奖记者。她在新南威尔士大学获得生物学和英语双学士学位；2004年，获澳大利亚国立大学公众科学意识研究中心科学传播方向硕士学位。她是类人动物心理学研究组的成员，研究非洲倭黑猩猩和黑猩猩心理学。

布赖恩·黑尔（Brian Hare）

杜克大学生物人类学和解剖学系的人类学家和助理教授。他曾在埃默里大学研究人类学、心理学以及人类与自然生态的关系；2004年获哈佛大学博士学位。他的研究以人类认知进化为中心，研究经历包括在西伯利亚狐狸养殖场的工作，在乌干达丛林跟踪黑猩猩，在刚果民主共和国救助倭黑猩猩孤儿。

米克诺坐在那里，右手托着下巴，活像罗丹的雕塑《思想者》。他的左手臂搭在膝盖上，眼神有些模糊，仿佛在沉思。他的黑发仔细地从中间分开，玫瑰色嘴唇红润可爱，米克诺看上去就像人类。但他不是。米克诺是一个侏儒——洛拉亚（Lola Ya）倭黑猩猩的居民。洛拉亚是刚果民主共和国境内的一个非洲大猩猩保护区，专门收养从非洲野生动物肉类贸易中截获的失怙大猩猩。

倭黑猩猩的 DNA 与我们人类相同的比例（98.7%）要超过它们与大猩猩的比例——因此在他乌黑发亮的头发下，米克诺有一副年轻运动员的身材，发达的二头肌，6 块腹肌也清晰可见。现在的问题是：在它的基因组的 30 亿个核苷酸中，使得米克诺成为倭黑猩猩而不是一个人的那 1.3% 的差异在哪里？

几千年来我们一直在设法定义人类的本性。柏拉图将人描述成没有羽毛的靠两腿行走的生物；作为响应，在柏拉图的一次讲座上，第欧根尼抛出了一只拔了毛的鸡。其他定义亦来去匆匆：只有人类使用工具。只有人类会故意彼此残杀。只有人类是有灵魂的。这些个定义就像沙漠中的海市蜃楼，总是飘忽不定。

600 万年前，原始人从我们与黑猩猩和倭黑猩猩的共同祖先那里分离出来。从那以后，我们的大脑所发生的变化使我们成为大自然中具有主宰地位的合作者，我们迅速积累起知识，并通过操作工具殖民到这个星球的几乎每一个角落。在进化过程中，我们的进步迅猛而无情。是什么让我们从树上下来，我们为什么会下来？

你认为我在想什么？

当孩子长到 4 岁，他们开始想知道其他人在想什么。例如，如果你向一个 4 岁的孩子出示一包口香糖，问她里面有什么，她会说："口香糖。"可你打开包，结果她看到里面是一支铅笔而不是口香糖。这时如果你对她说，如果我们将这支铅笔再包起来，问等在外面的妈妈，让她猜猜里面是什么，你认为她会怎么说？孩子会回答说："口香糖"，因为她知道她妈妈并没有看到里面包的铅笔。但4岁以下的儿童一般会说，他们的妈妈会认为包着的是铅笔 —— 因为这个年龄段的孩子还不能摆脱现实世界的诱导。他们认为每个人都知道他们所知道的，因为他们还不能从别人的角度去设想。在这种情况下，他们会认为，人要看到一件东西才能知道它。这种设想别人是怎么想的能力被称为具有某种思想。

人类总是想知道别人在想什么：他刚才看到我看了他一眼吗？那个漂亮女人是不是想接近我？我老板是否知道我不在我的办公室？完整的理论性思想可以解释复杂的社会行为，如军事战略；并据以成立各种机构，如政府。

在整个20世纪90年代，科学家们进行了大量开拓性实验，试图确定黑猩猩 —— 如DNA与我们有98.7%相同的倭黑猩猩 —— 是否具有成熟的思想。路易斯安那大学（位于拉法耶特）的丹尼尔·波维内利（Daniel Povinelli）让黑猩猩用可看见的姿势向其他人求取食物。这里被求取者或被蒙上双眼，或被套上头套，或用手捂着眼睛，或能够看到它们。黑猩猩一视同仁，它们向那些显然看不到它们的人做出乞讨姿态的次数与向那些能直接看到它们的人做出乞讨姿态的次数一样多。这一研究结果暗示，黑猩猩不具有思想。如果真的如此，那可能就是人类区别于其他动物的关键所在。

在这之后，布赖恩和他的两位同事，何塞普·考尔（Josep Call）和迈克尔·托马塞洛（Michael Tomasello），开始在莱比锡动物园的沃尔夫冈·科勒灵长类动物研究中心着手对雌性黑猩猩雅哈尔

（Jahaga）展开观察。实验是这样的：在该中心的一个房间里，你坐在有机玻璃台面后面，台面上有一个放着香蕉的托盘。雅哈尔看得见香蕉，它也可以看到你在观察，并知道如果你看到它走过来，你会拿走托盘不让它接触食物，因为你已经对它这么做过。因此，雅哈尔不是简单地冲着香蕉跑去，而是漫不经心地走到了房间的后面，好像它并不在意你那个不起眼的香蕉，好像它对整个把戏感到厌倦。它继续沿着后墙挪着步子，鬼鬼祟祟地绕到隔板后面直到你看不见它。然后，当它确认隔板挡住了你的视线之后，它便匍匐着快速穿过隔板从托盘里取走香蕉。

这是调查黑猩猩是否会主动行骗（基于他人看不看得见待取目标）的第一个实验。欺骗观察是检验你是否拥有成熟思想的一种重要测试方法，因为在许多情形下，为了欺骗别人你必须知道他们可能会怎么想，然后尝试着操纵局面使他人的想法变得对你有利。在这个实验中，雅哈尔的行为 —— 以及后来各种实验中其他黑猩猩的行为 —— 之所以具有欺骗性，不只是因为它鬼鬼祟祟地绕到一个它知道你看不到它的地方（即是说，它对你此刻所想很敏感），而且还因为它表现出对被欺骗有所察觉：它看上去仿佛是对香蕉没有兴趣（就是说，它会设法让你知道它的这个态度）。

在雅哈尔之后，人们又进行了一系列实验。这些实验表明，在很大程度上，黑猩猩确实会琢磨别人是怎么想的。黑猩猩家族里等级较低的成员总是去寻找首领视线外的食物，因为它们知道首领还没发现它。如果你突然抬头，黑猩猩会顺着你的目光看去，它想知道你在看什么。如果你拖延着不给黑猩猩食物，无论是故意耍它们还是偶尔忘了喂食，那么它们在知道你是故意这么做时所表现出的失望要比知道你只是不经意失误时感到的失望大得多。但是，这是否意味着黑猩猩就具有与我们人类同样的成熟思想呢？

指向

尽管雅哈尔和其他黑猩猩在一个层面上表现出复杂的心理过程，但在另一个层面上它们的表现却令人失望。如果你将香蕉藏在两个杯子的其中一个里面，而雅哈尔没看到你选择的是哪一个杯子，然后你指着有香蕉的杯子提示它，但雅哈尔却不能按你的手势找到它。尽管你可以轻轻地敲击杯子，或在它上面放置一块色彩鲜艳的积木，甚至围着它手舞足蹈，但雅哈尔选择正确杯子的次数不会比挑选错误杯子的次数多多少。在后来的几十项实验里，它可能会开始猜测这种模式，但是如果你改变提示的方式，譬如说，改为敲击，它仍不能意识到新的线索会帮助它寻找食物。它必须从头学着运用你的新手势。

然而，人类两岁以下的儿童就能够按你的指向找到食物。甚至你只是看一眼正确的杯子，孩子都会顺着你的目光，得到你希望他得到的信息。他们明白你正通过交流隐藏物的位置信息帮助他们。

从黑猩猩的这类实验里我们似乎可以合理地得出结论：运用交际性肢体语言是我们这个物种在进化过程中与其他类人猿分开的一个重要特征。也许这种分享信息的方式使得早期人类发展出比其他动物身上能够看到的更复杂的繁衍形式。但如果确是这样，那么这种能力在开始时是如何进化的呢？

取物

　　奥利奥是任何孩子都喜欢的那种最好的狗。它会送你到朋友家，然后坐在外面直到你骑自行车载着它回家。它允许你随便拥抱它，此时你的年龄除了拥抱小狗还没有酷到想要拥抱其他人。最重要的是，奥利奥喜欢玩取物游戏。它可以玩到你抬不起胳膊来，因为它可以很容易地一次衔回三个网球。问题是它通常无法搞清楚所有扔出去的球都在哪儿，在捡回前两个后就不知道第三个球扔哪儿了。经过一阵疯狂的寻找后，它只好跑回来看着你，喘着气等待。如果你指出正确的方向，几秒钟后它就会衔回来沾着口水的所有三个球，并准备着你再扔出去。

　　玩狗的人都知道，当它们想取回什么东西而且它们知道你知道这东西在什么地方，那么它们会像鹰一样注意你肢体语言的任何蛛丝马迹。果然，当布赖恩和他的同事多次用狗进行上述杯子游戏时，只要他们指一指方向，或看一眼，或用脚趾踢一踢藏食物的杯子，小狗立即就能找到藏匿地点（这不是因为它们有灵敏的鼻子——实验中狗在没有视觉提示前不可能确定哪个杯子里藏着食物）。

　　为什么像狗这样的动物能取得成功，而我们最亲近的亲属却会失败？

　　一种观点是，狗和我们生活在一起，因此经过数千小时与我们的互动，它们学会了洞察我们的肢体语言。另一种观点是，狼具有集体生活和协作狩猎的习性，而所有的狗都是由这种犬科动物进化来的，狼的这种习性使得包括狗在内的所有犬科动物更适于过一种社会协同的生活。

为了检验第一种观点,你需要和小狗一起玩耍。如果9周大的小狗能够通过杯测试,那么读懂人类的肢体语言就可能不是狗随着年龄增长习得的,而是与生俱来的。布赖恩和他的同事发现,这么大的小狗通过了测试,但仍有一个它们长到9周后就足以能够读懂人类交际肢体语言的问题。为此,它们用饲养在犬舍里很少接触到人类的小狗来测试,结果这种小狗也通过了。

至于第二种观点,你需要花一段时间与大坏狼共处。布赖恩及其同事在野狼保护区对狼进行了测试,并将结果与宠物狗组的结果进行了比对,结果很明显,狼并不比黑猩猩更善于按照人类的社会性提示采取行动。这样看来,狗在过去的4万年里确实进化到可以根据人类的社会性提示采取行动 —— 也就是说,它们经过驯化已经与其狼的祖先分化开来。这一结论的隐含意义着实令人兴奋:在狗与我们人类的长期交往中,作为人类繁衍、合作和语言(人类精神生活的先导和组成部分)的重要发展基础的社会性技能可能已经在狗的进化中得到体现。难道驯化真的可导致这种解决问题的能力发生变化?尽管这似乎是真的,但要检验这种想法,你得去西伯利亚中部。

聪明的狐狸

夏季从莫斯科坐火车到新西伯利亚需要两天的车程。一路上满眼是缀满鲜花的绿色草原。车到新西伯利亚后,你还得坐上一个半小时左右的车才能赶到阿卡杰姆戈罗多克，这里是当代遗传学最大的实验基地之一。

德米特里·别利亚耶夫（Dmitri Belyaev）被莫斯科的研究实验室解雇了，因为他的孟德尔遗传学与显贵的苏联科学家特罗菲姆·李森科（Trofim Lysenko）的理论相冲突。别利亚耶夫是幸运的，因为对他的处罚随着他失去了莫斯科的工作而结束。在斯大林时代，对李森科的环境获得性遗传理论持有异议是违法的，许多著名科学家因此死在了古拉格[1]。1958年，别利亚耶夫来到新西伯利亚，成为这里的细胞学和遗传学研究所所长。第二年，他在一项孟德尔实验中开始繁殖130只银狐。他用一种简单的方法将一组银狐置于严苛的选择压力之下：那些亲近实验员的银狐可以活着繁殖下一代；而那些对实验员咆哮或对人表现出敌意的银狐则被杀了做成毛皮大衣。另一组，即对照组，则采取随意饲养而不问其对人的态度如何。

仅过了40代后，选定的狐狸开始显露出变化，即你（和达尔文）可能认为需要经过数百万年的进化才出现的那种变化。正如所料，它们变得对人类友好得难以置信。每当它们看到人，它们就会发出叫声，摇起尾巴，嗅着人的身体，舔着人的脸。但更奇怪的是它们生理上的变化，这种变化比对照组发生的频率高很多。选定的狐狸的耳朵变得耷拉，尾巴变得卷曲。它们的皮毛失去了伪装，变得参差不齐；前额

---

1. Gulag，这个词由俄语缩写词"ГУЛАГ"音译而来。ГУЛАГ的全称是"Главное управлениеисправительно-труговыхлагерейиколоний"，汉语为"苏联劳改营管理总局"，属于前苏联内务部的一个分支机构。通常将苏联于20世纪20年代后设立的这种专用于关押政治犯和异己人士的劳改营统称为古拉格。苏联作家索尔仁尼琴曾著有小说《古拉格群岛》，对这些劳改营的恶劣条件和非人生活做过深刻的揭露。——译注

出现了星状纹路，头骨也变小。总之，它们的模样和行为非常接近其近亲 —— 家养的狗。

现在，我们开始进行一项大的检验。如果狗能够在驯化过程中获得社会技能，那么选出的银狐或许也能获得这些技能。

事实确实如此。驯养的银狐可以像狗一样读懂人体语言。而对照组则不能。

银狐对人类的社会性暗示的洞察能力是整个谜团的关键一环。人们（包括作者）原以为，在狗身上发现的非同寻常的社会技能可能是进化的结果，因为在驯化过程中聪明的狗更容易生存和繁殖。但是，别利亚耶夫的狐狸并没有繁衍出比一般狐狸更聪明的品种，只是更友善而已。由此看来，选定的狐狸更善于洞察人的暗示只是一种失去了对人恐惧的副产品，这种对人的恐惧已替代为与我们的密切互动。狗的社交技巧很可能在其驯化过程中也是经过类似的过程。为了捡拾人类居住区附近的垃圾，原初的狗已经失去了我们的恐惧。后来，出于偶然，在与我们的交往过程中，它们开始采取原本只是在它们之间运用的社交技能 —— 就像我们只是其群落的一部分。

最重要（也是最有争议）的是，人类在进化中可能也经历过类似的过程。能够生存并繁衍下一代的可能并非如人们经常暗示的那样是最聪明的原始人，而是更善于交际的原始人，因为他们在共同解决问题方面表现得更好。善交际的原始人获得了更高的适应性，并会随着时间的推移来考虑选择更复杂的问题来解决。人类变得聪明只是因为我们首先变得更友善。

黑猩猩的缺陷

合作是人类成就的基石。从某种程度上说，这有赖于我们有先进成熟的思想和对社会性暗示的运用。但人不是唯一的熟练掌握合作技能的物种。是人的什么品质使我们成为如此灵活的合作者？或者换一种说法：黑猩猩在合作方面到底出了什么毛病？它们同样过着高度社会性的群居生活，一起觅食，群落内保持着等级关系。那么是什么妨碍了它们在通过合作与交流来解决问题方面没能变成像人（或狗）那样灵活？

恩甘巴岛黑猩猩保护区是乌干达境内位于维多利亚湖中心的一片延绵数百英亩的原始森林。在晴朗的日子里，你可以听到一水之隔的黑猩猩的喘气声。现在，两只黑猩猩，基多格和康妮，正面临着一种两难境地：木板两端堆满了食物，可木板正好在可以够到的距离之外。为了将木板拉近点，它们俩必须拉动穿过木板上金属环的绳子。如果只有一个人拉，那么绳子只是车轱辘转，木板并不动。在此情形下，基多格作为女首领，会一把把康妮推了过去，它来拉康妮的绳子，于是只听见滑轮吱吱叫，谁也没得到食物。

这种行为很令人费解，因为野生黑猩猩都是伟大的合作者，经常以一种复杂的组织有序的方式猎食。但也许这种合作的背后并没有多少思想基础，它可以简单地归结为每个动物都希望得到同样的东西，因此在同一时间里能够一起工作。成功只是意外，合作只是一种表象。

但是，如果你在喂食的时候观察基多格和康妮，你会发现它们并不是分享食物。如果康妮有一块食物而基多格待在一旁，那么基多格多半会偷它的食物。另一方面，在保护区里一起长大的萨莉和贝基则像姐妹一样，它们在任何时候都能够和平地分享食物。当你给它们做绳子测试时，它们第一次就成功了。

显然，如果考虑到容忍这一点，黑猩猩是可以自发合作的。它们不仅知道什么时候需要有人帮忙，同样也知道谁是好的合作伙伴。马瓦是另一个黑猩猩首领，它就不是一个好的合作伙伴。它等不及它的合作伙伴拿起绳子的另一端就一个劲儿地拉，木板自然一点不动。另一方面，布万巴莱则是一个伟大的合作者，它等待合作者，它们几乎总是能成功地获得食物。起初，其他恩甘巴黑猩猩平等地选择马瓦或布万巴莱做合作者，但在经历了马瓦的拙劣表现后，大多数黑猩猩下次都选择布万巴莱做合作者。

然而，黑猩猩的这种合作是极为有限的。黑猩猩一般只与熟悉的成员合作，与它们分享食物。如果它们不认识或不喜欢那个潜在的合作伙伴，那么无论有多少食物在等待它们享用，它们也不会合作。但人类则不同，人是靠合作生存的，即使要合作的那个人你可能不认识，在大多情形下更谈不上喜欢。（你有老板吧？）这种高度的社会容忍度可能是人类独有的合作形式的基石之一。

因此，缺乏容忍也许是黑猩猩无法发展出更加灵活的合作技能的主要障碍之一。但人类还有另一个近亲，一个通常被我们遗忘了但可能比我们预想的更喜欢我们。

失散已久的表亲

黑猩猩家族是一种由雄性主导的社会，杀婴行为和其他形式的致命侵犯行为不时发生。与此情形相反，倭黑猩猩则生活在一种非常宽容平和的、由雌性主导的社会里，雌性首领通过性行为维护着团体的凝聚力和必要的张力。

既然倭黑猩猩比黑猩猩宽容，那么这对它们的合作能力意味着什么呢？

人们对恩甘巴岛的黑猩猩进行了进一步的实验。只要食物是分两处放置，或放在木板的两端，大部分黑猩猩都能够合作得很好。但只要你把食物放在板的中间作一堆放置，黑猩猩间的合作便土崩瓦解。即使参与测试的一些黑猩猩相互间相对宽容，并且此前已多次通过绳/板测试，但只要食物可由黑猩猩首领垄断，其他黑猩猩通常就会拒绝拉绳。

当我们对倭黑猩猩做同样的测试时，它们通过游戏和性行为进行彼此商谈 —— 尽管这是它们的第一次测试。倭黑猩猩都以性能力强健而闻名。雌性会在一起揉搓阴蒂，雄性之间也会有性交活动，无论年龄或性别都是如此。性生活既是群体里舒缓紧张的一种方式，也被用来平复暴躁的脾气，或结成联盟。群体里还可见协商活动，这使得倭黑猩猩具有很高的容忍度。

因此，我们得出的结论是：黑猩猩之间有合作，但缺乏很强的包容性；倭黑猩猩非常宽容，但在野外并不真正进行合作。原始人之所以能够在600万年前从我们与黑猩猩和倭黑猩猩共同的祖先那里分化出来，靠得可能就是我们变得非常宽容，这使我们能够以全新的方式合作。如果没有这种高度的容忍性，我们不会成为今天这样的物种。

在非洲寻找我们的头脑

自发合作并非倭黑猩猩比黑猩猩更像人类的唯一特征。像人类一样，倭黑猩猩的性别差异不是那么明显。雄性的身体并不比雌性的大很多。雌倭黑猩猩像人类女性一样，起着强有力的纽带关系，而雌黑猩猩一般则不是这样。人类和倭黑猩猩有类似的脾气，因为我们都会规避风险并对新来者满怀戒心。

理解倭黑猩猩对理解我们人类之所以为人至关重要。不幸的是，它们的数量正在快速下降。刚果民主共和国是它们唯一的家园，不断爆发的战争使得对它们的研究变得困难。非洲的类人猿保护区，包括刚果民主共和国境内的洛拉亚倭黑猩猩保护区、恩甘巴岛和钦穆蓬加（Tchimpounga）的黑猩猩保护区，为我们提供了一个令人兴奋的深入了解我们的近亲的思维的机会。与人工饲养下患有慢性心理和生理疾病的实验室动物不同，保护区的猩猩以很大的社会群体生活在热带雨林地区。半放养的猩猩可以像传统实验室进行的那样在室内进行实验观察，但成本要低得多。保护区的动物并没有异常行为（例如摇晃或吃粪便）。初步数据表明，它们比被囚禁的猿类更胜任各种身体任务，因为它们的日常环境非常丰富。

　　坐着像罗丹雕塑的倭黑猩猩米克诺于 2006 年 9 月死亡。尸检报告显示了它的脑部有挫伤，这表明它可能因从树上掉下来摔成脑震荡而死亡。米克诺的密友伊西罗坐在它身边不愿意离开，它能理解什么是死吗？它是否会像人一样感到悲伤？在寻求我们之所以为人的漫长道路上，我们仍然有很长的路要走。但即使我们在不懈努力，要搞清黑猩猩之所以成为黑猩猩，倭黑猩猩之所以成为倭黑猩猩，我们仍然有成千上万的问题有待回答。

第 15 章
我们当中的外来者

◎ **内森·沃尔夫**

内森·沃尔夫（Nathan Wolfe）

斯坦福大学人类生物学Lorry I. Lokey访问教授。他于1998年获哈佛大学免疫学和传染病学博士学位，先后荣获富布赖特奖学金（1997），国立卫生研究院主任先锋奖（2005）和美国国家地理新兴浏览器奖（the National Geographic Emerging Explorer Award，2009）。沃尔夫的研究方向是结合分子病毒学、生态学、进化生物学和人类学等方法来描绘地球上微生物的生命多样性。他的主要成果是第一次给出了反转录病毒从非人灵长类动物到人的自然传播的证据。他发起并指导全球病毒预测行动（GVFI），这是一套监测新传染源从动物向人类蔓延的早期预警系统。GVFI最近从Google. org和斯克尔基金会获得1100万美元的资助。它协调着来自世界各地的100多位科学家和工作人员的研究活动。目前已在喀麦隆、中国、中非共和国、刚果民主共和国、刚果共和国、加蓬、赤道几内亚、老挝、马达加斯加、马来西亚、圣多美和普林西比等国家展开积极研究并设立公共卫生项目。

想象你正坐在家里舒适的沙发上，手里端着咖啡杯，腿上搁着书，孩子的游戏声从另一个房间传过来。一切似乎都很正常 —— 就像它一直都是这样。但是话说回来，事实也许并非如此。也许，你隐隐约约地感到你不是一个人待着。

　　突然，面纱揭开了。你周围到处是看不见的生命群落 —— 沙发上，咖啡杯的盖子上，甚至包括你腿上的书的封套上。一种无法识别的生物，虽小但明显是活的，它没有细胞，没有酶，并且显然缺乏我们所熟悉的生命体应具有的大部分生物机制。这些外来者无处不在，它毫不夸张地将自己整合到我们周围的生命组织中，整合到组成我们这个世界的每一种细菌，每一种植物，真菌，动物体内。它们已入侵了，并且也许已经赢了。这就是 …… 病毒！

　　对外来者的害怕总是纠缠着人类 —— 通过电影、书籍和孩子的梦。它激发起我们对太阳系行星的好奇心 —— 火星上有过水吗？火星上有生命吗？它们是否有大气？是否有氧气？它驱使我们对我们的宇宙进行探索，推动我们开发出巨大的射电望远镜阵列来搜索宇宙中遥远的智慧生命的呐喊。

　　然而，具有讽刺意味的是，我们在搜索广袤的宇宙时，很大程度上却忽视了一颗特别重要的行星。它具有维持生命的所有要素，而且探索起来相对容易 —— 根本无需航天服或飞船。这颗星球上有我们已经知道的生命形式，而且很可能还存在我们尚未知道的生命形式。它就是我们的地球。当我们在宇宙中寻找外星人时，我们不幸地忽视了它。

　　我们已经知道，地球上的生命有多种类型。地球不仅供养细胞生命（细菌及其最近才被认识的、长得十分相似的堂兄弟 —— 古菌）和真核细胞生命 —— 真菌、植物和动物，而且还供养另一种颇不寻常的生命形式 —— 朊病毒。这项发现荣获了 1997 年度的诺贝尔奖。朊病毒是一种奇怪的生命形式，它不仅没有细胞，而且缺少DNA或RNA这样的地球上所有其他已知生命形式用作模板的遗传物质。然而，朊病毒顽强地存活下来并且似乎可复制，使其他生物染上疯牛病。

我们的地球还供养着病毒 —— 一种没有细胞的微小生物体。病毒可以惊人的效率侵入地球上其他生命体，是一种裹着蛋白质外套的纯粹的遗传物质，它们依赖于宿主细胞，离开宿主它们既不能生长，也不能复制。

与已有的关于病毒的文章不同的是，本文不打算着重写病毒对人类的伤害，而是跳出地球外来者看待我们这个星球上病毒的多样性和丰富性，其生态意义以及它对提高细胞生命体丰富的生命形式的重要作用。可以说，对病毒更为深刻的理解为我们提供了新的观点 —— 不只是针对人类健康和疾病，而是对我们这个星球上的基本生物学的认识。此外，由于病毒具有如此特异的生命形式，了解它们的繁盛可能会使我们得到关于真正外来者的线索。

它们无处不在

地球是一个活的星球。即使是从太空上看，它也展示出丰富的生命印迹。然而，我们从太空上看到的只是全部真相的一部分，从生物量和多样性来衡量，我们这个星球上生命的主要形式是微观的。微观的生命形式无处不在：海洋里、陆地上和地下深处。利用深海勘探技术在海底钻探几百米深后取得的岩样显示，这些地层中存在生物体。它们不是依靠太阳能而是依靠地心产生的热量存活。虽然细胞微生物，如细菌和古菌，也许更容易发现，但以病毒形式存在的无细胞微生物则代表了这种多样性的重要组成部分。

据认为，每一种宿主细胞生命形式体内至少有一种类型的病毒。每一种藻类、细菌、植物、昆虫、哺乳动物，无不如此。即使每一种细胞生命体只容留一种独特的病毒，这也将使病毒成为地球上最多样化的已知生命形式。而实际上，很多物种，包括人类，寄宿着大量的各种病毒。

虽然病毒是又小又轻 —— 已知最大的阿米巴感染性拟态病毒也只有600纳米长 —— 但它们留下的生物学足迹却可观得令人难以置信。在1989年发表的一篇具有里程碑意义的文献里，卑尔根大学的厄伊温·贝格（Oivind Bergh）及其同事报告了他们用电子显微镜对未污染的自然水生态系统里感染细菌的病毒进行了计数，发现每毫升水中有多达2.5亿个病毒颗粒。其他更全面的对地球生态系统中细菌类病毒的生物量的统计更是大大超出人们的想象。根据一项估计，如果将病毒头尾相连排列起来，由此得到的长链将长达2亿光年，远远超出我们银河系的边缘（银河系大约只有150光年），其质量估计则相当于约100万头蓝鲸的体重。[1] 病毒的影响岂止是一点点，它们简直覆盖了我们的星球，其丰富性和影响力我们才刚刚开始了解。

---

1. N. H. Acheson, *Fundamentals of Molecular Virology*（New York：Wile, 2006），4.

朋友还是敌人？

如果你像大多数人一样，每当想起病毒，脑子里就会浮现出一种具体念头：一种致病的微小的病原体。如果你有机会开启一个能永久消除地球上所有病毒的开关，你也许就会选择打开开关。但你仔细想过没有，寄宿在地球上几乎每一种细胞有机体内的所有这些病毒，有着如此惊人的多样性和丰富性，难道就只有负面作用？答案是：绝对不会！

尽管病毒必须感染生命体的细胞才能完成其生命周期，但这并不意味着它们的命运就是引起破坏，我们地球现有的平衡依赖于病毒世界的行动，它们的灭杀作用有着深远的影响。据估计，海洋系统中每天有20%～40%的细菌是由病毒杀死的。这些死亡提供了巨大的有机物质来源，它们向海洋环境释放出氨基酸、碳和氮，而在这种海洋营养物循环中病毒起主要作用。[1] 此外，虽然关于病毒在调节生物多样性方面的作用的研究还处在起步阶段，但人们认为，病毒有助于维持像细菌这样的重要的环境角色的多样性，这里病毒起着"联邦反托拉斯检察官"的作用 —— 就是说，它可以防止任何一种细菌变得占绝对优势。

但是，病毒除了在养分循环和多样性维持方面起着核心作用（当然，这是通过病毒介入对活细胞起破坏作用）外，它对生物个体是否

---

1. M. Middelboe and N. O. G. Jorgensen, "Viral Lysis of Bacteria: An Important Source of Dissolved Amino Acids and Cell Wall Compounds," *Journal of the Marine Biological Association* **86** (2006): 605–612.

具有某种潜在的益处呢？不幸的是，对人类病毒的大部分研究侧重于病毒的病原体作用，这种负面偏见不仅影响到我们对病毒的认识，也影响到一直以来我们对病毒的研究。因此毫不奇怪，我们熟悉的大都是病毒造成的伤害。对于是否存在有益病毒的问题至今还没有系统的研究。如果我们寻找"好"病毒，我们可能会发现什么呢？

　　病毒与其宿主以及其他生物体的互动关系是一种连续统：有些病毒损害其宿主，有些则对宿主有好处，还有一些 —— 可能大部分 —— 则与宿主形成一种相对中性的关系，对于它们为了存活至少必须是暂时居住的生物体，既无重大伤害，也谈不上有利。虽然对有益病毒的研究事例不是很多，但一个偶然的发现 —— 黄蜂、毛虫与病毒之间的复杂关系 —— 已经为求证病毒有益于宿主的可能性带来了一线光明。我们通常将黄蜂看成是筑巢生活的群体性生物，但也有许多种黄蜂并不采用群体蜂巢的方式养育幼蜂。其中一种是非集群性茧蜂科黄蜂，它将卵产于其他昆虫的幼虫体内，当蜂卵孵化成幼虫后，幼虫就将所寄生的毛虫作为食物。不用说，这是以牺牲其他幼虫为巨大代价实现的，其结果是在进化上形成装备竞争，毛虫发展出对付黄蜂产卵的防御技术，黄蜂则需要寻找出对策。这其中的一种令人拍案叫绝的反制措施是病毒与宿主的合作，这种病毒叫多态DNA病毒，是一种用DNA而不是RNA作为遗传信息的病毒。这种病毒已进化出一种与黄蜂的互利关系。它在黄蜂的卵巢内复制并同蜂卵一起注入毛虫体内，病毒能够抑制宿主毛虫的免疫系统，从而有利于保护蜂卵。黄蜂帮助了病毒，病毒也帮助了黄蜂。[1]

1. K. M. Edson et al.，"Virus in a Parasitoid Wasp：Suppression of the Cellular Immune Response in the Parasitoid's Host，" *Science* **211**（1981）：582–583.

鉴于病毒无处不在，因此如果只看到它们的破坏作用就未免让人感到惊奇。进一步研究很可能会揭示出这些生物体行为深远的生态重要性：病毒感染不只是具有破坏作用，而且对被感传的许多生物有益。

进化调查者

在进化的核心问题上，病毒可以提供的好处之一是遗传的多样性。由于病毒具有很高的突变率和很强的彼此交换遗传信息的能力，因此成为巨大的遗传变异产生器。它们不断地将遗传信息从一种生物体带到另一种生物体，随机地将自身的和前宿主的新的遗传信息带给新的宿主。这种遗传多样性相当于进化过程中的动力，有利于通过自然选择形成新的基因。虽然病毒携带的基因并不总是有利于新的宿主，但它们提供至关重要的好处的情形也非常多。典型的例子如某些细菌（譬如霍乱）产生的毒素就是由这些病毒基因演化出来的。霍乱毒株携带一种名为CTXf的病毒，这种毒素带有造成大量腹泻的基因，从而帮助霍乱细菌迅速蔓延。

但是，这种基因引入方式绝不限于细菌。反转录病毒是一种能够将其遗传物质整合到宿主DNA的病毒，它可以寄宿于各种动物。现在看来，反转录病毒基因引入到类人猿祖先从而产生新的哺乳动物基因的这种机制可能在我们人类的起源上起着重要作用。[1] 基因ERVWEi显然来自反转录病毒，现已成为人类特有的和永久的基因。由于反转

1. F. Mallet et al.，"The Endogenous Retroviral Locus ERVWEi Is a Bona Fide Gene Involved in Hominoid Placental Physiology，"*Proceedings of the National Academy of Sciences* 1（2004）：1731-1736.

录病毒及其产物必须与免疫系统的复杂性进行交涉，而免疫系统则不断努力地拒绝"外来物"。这也许并不奇怪，反转录病毒基因可能利用我们的生殖系统。据认为，ERVWEi恰恰具有这一功能 —— 就是说，它有助于抑制免疫系统，使得"外来"胎儿免遭拒绝，就好像反转录病毒必须控制免疫系统以避免自己遭到拒绝。通过遗传多样性的产生和运送，病毒为地球上生命的进化提供了重要的创新动力和流动性。

为病毒平反

"病毒"一词来自拉丁语virus，意思是"毒素"或"毒药"。虽然从这个词本身首次进入英语（在14世纪，作为"有毒物质"的同义词引入）以来，我们对病毒对于地球上生命的重要性的理解已经有根本的转变，但病毒科学却还在延续着这些早期的负面的误解。一些病毒学家已经开始接受对病毒作用的更全面的看法，但广大民众以及众多研究脊椎动物病毒的科学家却还是只盯着那些对人类和动物种群有危害的病毒种类上。

对病毒的重要性的误解也影响到研究这些病毒的学科。病毒科学通常被看作是微生物学和人类医学的分支学科，这种认识必须予以纠正。病毒的研究必须提升到基础科学的地位。对全球范围病毒多样性的刻画和理解，无论是从预防下一个主要疾病传染途径方面说，还是从了解海洋碳循环角度看，都符合人类的近期利益和长远利益。演化生物学、物理学、地球科学和计算机科学领域的新一代思想家应当与医生和分子生物学家联合起来，共同促进我们对我们这个星球上最重要的生命形式的了解。

　　幸运的是，我们有了让病毒科学曙光初露的新工具。环境基因组研究已开始揭示出我们这个世界上病毒和其他微生物的生命的丰富性。这项研究是利用基因测序技术来刻画从土壤到皮肤等各种丰富的生物环境中基因的多样性。例如，对人类粪便的研究已检测出粪便样本中存在1000多种不同的病毒 —— 病毒种类要比人们认为的整个人类受感染的已知病毒的种类多得多！[1] 显然，我们对居住在我们体内和我们这个世界里的病毒的了解还处于初级阶段。对动物、植物、土壤和水系统中生存的病毒的进一步研究代表着做出发现的新的航程。对病毒的收集将形成一座21世纪的病毒博物馆，科学家可以用它来了解环境，预测下一次疫病的流行，开发新的抗生素，并为各种用途找出和引入新的基因。

　　一个新的、全方位的病毒科学具有巨大的潜力。病毒已被证明是一种非常宝贵的疫苗和分子生物学工具。让未成年人接种牛痘病毒疫苗（牛痘病毒的变种）使人类彻底消灭了天花，这种疾病曾是人类面临的最严重的疾病。噬菌体（细菌性病毒）在分子生物学里被证明是做出基本发现的重要模型，它也是向活细胞引入新基因的分子工具（载体）—— 最近非胚胎干细胞的成功创建尤其引人注目。[2] 我们无法想象，离开这些工具我们还能够做出多少基础性的和实用性的发现。

　　病毒研究除了具有全球病毒综合调查这一实际意义之外，还可以告诉我们有关我们在宇宙中位置等方面的信息。病毒代表着一种独特

1. M. Breitbart et al., "Metagenomic Analyses of an Uncultured Viral Community from Human Feces," *Journal of Bacteriology* **185**（2003）: 6220-6223.
2. J. Yu, "Induced Pluripotent Stem Cell Lines Derived from Human Somatic Cells," *Science* **318**（2007）: 1917-1920.

的、更为简单的生命形式 —— 一种在宇宙中比复杂生命形式更具普遍意义的生命形式。[1] 它们或许可以告诉我们，如何才有可能发现地外文明并与之互动。在地外发现病毒已被证明是一项艰巨的任务，更遑论什么"第一次接触"了。这很可能就是个错误的假设。我们几乎还谈不上揭开病毒世界的面纱，这该使我们确信，要确认真正的外来者将会遇到令人难以置信的困难。

大众想象中的外来者通常都被描绘成不是心地十分善良就是十足的邪恶。我们对病毒的成见也类似。在现实中，他们代表了全方位的好、坏、丑陋和善良。假设外星生命会有所不同那几乎可以肯定是错误的。另外，所谓外星人是否会注意到我们这种想法基本上是基于宇宙的人类中心论的认识。第一次接触很可能是一种戏剧性遭遇，既可能是与具有较高智慧的善良之辈相遇，也可能是遇到来自另一个星球的邪恶的战争狂人。但更可能的是，它们很难被发现，即使它们生活在我们周围的空间里。因此，不论是从物种上说还是从带给我们科学上巨大益处上考虑，都谈不上非常好或是非常糟糕。

---

1. C. H. Lineweaver, "We Have Not Detected Extraterrestrial Life, or Have We?" in *Life As We Know It*, J. Seckbach, ed. (Dordrecht, Netherlands: Springer, 2006), 445–457.

第16章
社群性昆虫是如何变得具有社会性的？

◎ 塞利安·萨姆娜

塞利安·萨姆娜（Seirian Sumner）

伦敦动物学会动物研究所进化生物学研究员。她1995年获伦敦大学学院动物学学士，1999年获伦敦大学学院行为生态学和进化方向博士学位。随后在哥本哈根大学和巴拿马史密森热带研究所工作，2004年进入动物研究所。她曾荣获多项研究职位，包括最近的为妇女设立的L'Oréal科学会员。

萨姆娜的研究重点是社会性的进化——组织性完好的社会是如何演变来的以及这种社会行为是如何被继承下来的。她一直与世界各地的各种蜜蜂、黄蜂和蚂蚁打交道，通过观测、实验操作和分子水平的分析（包括基因表达）来研究它们的行为。她对社会性的起因和在这种重大进化转变中基因所起的作用特别感兴趣。

你需要搬迁到一个新的地方来容纳不断壮大的家。你肯定想待在一个搬迁成本较低的地方，因为你真的很喜欢当地的杂货店。经过一阵搜寻，你和你的家人决定了新家的住址。在你的指导下，全家组织成一个高效的团队：年轻的帮助收拾老房子，年长的将行李搬到新家。女孩们承担了大部分工作，所幸的是你有很多女儿。女孩也善于组织，因此新房子很快就落成了并进入运作。孩子们兴奋地告诉兄弟姐妹，在来的路上她已发现了糖果店。

世界上任何家庭都可能发生上面的故事，但我们这里指的是一个蚂蚁家族。像蚂蚁这样的社群性昆虫的生活与我们人类的社会生活之间的相似性简直令人震惊，远远超出了搬家的比喻。垃圾清理、上岗值班、照看幼儿、君主制度、奴隶贸易、自由骑手、处罚、叛乱、建筑、农业、杀戮、同类相食 —— 社群性昆虫可谓一样不落，在我们之前的8000万年前它们就这么做了。

其实，我们对社群性昆虫感到着迷，对它们是如何处理冲突与合作之间的平衡感兴趣不足为奇。一个多世纪以来，科学家们描述它们，观察它们，测量它们，甚至将它们集中起来以研究它们的基因。关于这些庞大帝国是如何演化和维持的方面的知识，我们现在已有相当完备的科学文献。我们知道，这些动物都是非常出色的信息传播者：蜜蜂会用著名的摇摆舞来描述彼此间发现的食物位置，其精确性可以和汽车上的卫星导航系统相媲美。它们是宽容的互助者：切叶蚁与真菌花园之间的那种专有的联盟关系使得最善表现恩爱的好莱坞佳偶都显得老土。它们还是土地的征服者：阿根廷蚁（学名叫Linepithema humile）的一个家庭可以延伸到6000千米远，远远超过任何人类的城市群，更不用说单个的人类家庭了。仅蚂蚁一项的生物量就占到世界动物生物量的20％，远远超过人类的总和。毫无疑问，真社群性昆虫 —— 那些过着四世同堂，有着明确的劳动和合作育雏分工的集群性物种 —— 是大自然的一个奇迹，值得我们予以充分注意。

真社群性昆虫成功的秘诀在于它们的任务划分。个体成员职能专一，要么专事繁殖（女王等级和雄性），要么专事觅食和育雏（工人等级，所有这些都是雌性）。在蜜蜂王国（这是一种发展得最为成熟的社群性昆虫），工蜂已失去了交配能力，因此不能产下受精卵。整个王国的全部基因遗传任务只交给一个个体承担，这个个体就是蜂王。这种适应性一旦得以实现，等级制就会顺利地演化出来，使个体忘却了这种等级的永恒性。进化将粗活儿交给工蜂去处理，因为它们承担着除了交配以外的一切工作。这也是查尔斯·达尔文在创立他的自然选择理论时最感头痛的地方。但现在他可以安息了。现在我们知道，演化出永久不育等级无疑是社群性昆虫可以做到的最聪明的事情。等级制可以减少冲突：如果你不能产卵，你就不会把时间和精力浪费在挑战具有生殖力的领导身上。较少的冲突可以使你的基因得到遗传，只不过是以亲戚（通常是你的兄弟姐妹）后代的形式。通过限定王国里王后的数量，员工们可以更清楚地知道它们这一窝里彼此间的相互关系 —— 由此它们通过工作来回报自身的基因遗传。专制的社会结构一旦形成，这个群体就会迅速成长，成千上万的工蜂（或工蚁）就会心甘情愿地供奉着唯一的女王。

让我们沿着真社群性昆虫的复杂的演化轨迹进一步探索下去。工虫的等级又可以细分为多种形态：大师傅级的、小师傅级的、刚出道的和刚入门的，各个职能都不一样，由它们的个体大小决定，使得整个种群的基因传播链运行得更加顺畅。最后，在我们认为是社会复杂度极限的地方出现了第三个等级：大而凶猛的个体，这些是兵虫，它们的下颌长着尖牙和锋利的长矛，是种群王国的守卫者。这种社会结构曾启发了许多科幻小说作家 —— 他们依据这些事实创作作品。

这些高度复杂的社会是如此令人振奋和易于理解，一下就抓住了社会生物学家的注意力。但它们能够提供给我们的关于真社群性起源方面的信息却不多，因为这种社会结构是进化的结果，我们很难从结果来反推原因。下一代社会生物学家最终的问题是：是什么力量造就了这种社群性？我们想知道是什么条件和选择压力使得社群性昆虫的祖先翻越窗台，演化出成熟的社群性结构。这里至关重要的是，最早的种群是如何演化的？

让我们从最初的情形开始。社群性昆虫的祖先是孤独的，我们很容易在自然界中发现这样的活标本。单独生活的挖掘蜂将卵产在地上挖好的洞里，并捉来多汁的毛虫作为待孵化出来的宝宝的食物，然后就将幼虫遗弃在这个"食品柜"里让它自己孵化成长了，因此挖掘蜂的幼虫打一开始就不知道谁是它们的父母（每个青少年的梦想）。接下来，我们有了最简单的昆虫社会，它由两个或两个以上的共居一巢的雌性组成，它们共同承担任务——筑巢、看家和觅食。如果能证明这样做比单独筑巢更易成功，那么我们就迈出了走向真社群性的第一步。因此社会演化的最终突破是要解决独居生活（如寂寞的挖掘蜂那样）向社群生活的转变问题——这个社群可能很小，如由全能的雌性组成的平等的社群；也可能很大，如由高达百万成员供奉一个王后这样的高度组织化的帝国。事实是，能够发展成真社群性的昆虫物种只有1/50，因此可以肯定，由独居向社群生活的转变是困难的。问题是为何这么难？

自然世界不乏卓越的数学家（动物、植物、真菌、藻类都是），从遗传适应性的演化尺度上看，它们都是平衡各自生活模式的好处与相对成本的高手。已故的演化生物学家W. D. 汉密尔顿指出，社群性昆虫要比一般动物更聪明，因为它们需要评估与同巢配偶共享多少基因。如果它们的同巢配偶是近亲的话，那么社群里的其他成员就将接受这种看似不公平的生殖分工。用术语来说，汉密尔顿法则可以表述为：如果帮助亲属繁殖获得的收益（b）[其大小由你与这些同巢兄弟姐妹的关系远近（r）来衡量] 大于自己繁殖的成本（c），那就值得过社群生活 —— 也就是说，如果 $br > c$，昆虫必然选择社群性。再也没有其他的科学表述能比汉密尔顿法则更简单、更优美的了，它使我们能很好地理解真社群性的演变。但它不能解释真社群性阶梯的第一步是如何实现的。最先需要用汉密尔顿法则进行判断的条件是如何产生的？雌性是如何寻找亲属并决定同巢合作的？

取得最终突破的关键被锁定在社会多态性蜜蜂和黄蜂物种上。它们可能就是我们要找的独居生活和社群生活之间的环节。这些物种可以选择是过独居生活还是过社群生活，这主要取决于它们在哪儿生活，在哪儿出生，邻居是谁以及天气怎样。如果我们能够了解这些决定是如何做出的，那么我们就开始了解真社群性昆虫祖先的行为了。为此我们先来了解一下社会多态性蜜蜂的世界。它的困境是什么，它是如何解决这些问题的？

困境1：是否要过社群生活？

我们来考虑这种蜂，在英格兰春天的微风中，一只雌蜂从休眠中苏醒过来。它能够估量出选择群居而不是独居的好处吗？这个决定就如同是否要租一间公寓：你可以选择与其他人合租，那样较便宜也较有效率（你可以分担家务、一起去购物等），但你必须忍受其他人邋遢和不合群所带来的不便。另一种选择是租个单间，但那样较昂贵，也较担风险：你不仅需要一个人操持所有家务，而且出门购物时家里被盗了怎么办？从积极的方面说，至少你有宁静，有私密性，最重要的是有控制权。当我们做这些决定时，我们需要权衡这种选择的成本和好处，就像我们这只刚苏醒过来的蜜蜂。

　　如果这只蜜蜂出现在苏格兰北部，它迎来的可能是一个清冷而短暂的夏天。它得赶紧独自筑巢，而且仅能繁育一窝后代，这些后代明年就将成为王后。如果这只蜂是出现在英格兰南部，那里夏季长而温暖，你会发现有同一品种的蜜蜂独自筑巢，就像它们的北部同类那样。但你也会发现同一品种的蜜蜂选择群居生活的。在这些真社群王国里，第一窝蜂将成为工蜂，其任务是帮助繁育第二窝蜂，后者才是明年的王后。显然，是选择单过还是群居，环境因素有着重要影响。

　　在学校里，我与几乎同一群女孩交往了5年。这个小组的层级由自我任命的头儿进行仔细监管，她是通过在众人中轮值"最好的朋友"这样的方式来行使权力的，轮值到谁依她的情绪而定。这是一种分而治之的策略，让每个人都感到自身的脆弱，但又有希望，偶尔还心怀感激。能在一个组织里立住脚是受欢迎的一个标志，而且确保了不乏男孩的追随。我们的蜜蜂之所以愿意过集体生活的一个好的理由就是它认为自己能成为王后，或者至少成为一个受人喜欢的下属（"最好的朋友"）。有些蜂群中的个体间可以是平等的，在这种情况下，作为一个工蜂并不真正意味着什么，只是有些个体可能比较专制。而在顶级社群里，蜜蜂则需要知道，如果自己参与进来，成为王后的机会有多大。在过去的15年里，已经有一大堆理论模型试图解释这种繁殖分配方案是如何决定的。根据这些模型，社群性昆虫王后掌控局面不是像上述学校的女首领那样靠人气来确保组织的凝聚力，而是依社群大小、环境和物理等因素的不同来激励组织成员。就像学校的女首领，社群性昆虫的女王需要有自己的社群，所以它会说服其他雌性留下来，帮助它共同繁育后代。胡蜂似乎就认可这样的社会契约：雌性蜂后允许其下属产卵，为的只是让它们高兴。其他真社群性种群，如allodapine蜂，则会为更好地分享生育机会而相互竞争。

无论采取什么方式，即使在最简单的种群里，社群性昆虫都能够（间接）衡量出不同生活方式的相对成本和获益。在一个所有雌性都有可能成为皇后的简单种群里，生殖权益是如何划分的？我们正在逐渐累积这方面的数据。但我们似乎并没有得到任何确切答案，每一个新种群的研究似乎支持不同的理论模型。也许我们应该放弃寻求普遍法则的努力。也许我们一直是从一个错误的角度在看问题，以一窝或一个种群作为研究对象得到的信息可能更丰富。

困境2：如何成为社群中的一员

当蜜蜂决定过群居生活后，它需要找到一个合适的群体。它到哪里找呢？她怎么能肯定这个对象是近亲？在这方面犯错误——选择一个其中女伴与自己毫无关系的巢来安家——将是灾难性的，正像工蜂，只能通过帮助其他伙伴生养来遗传它们的基因。要认清亲缘关系可以运用如下的简单法则，譬如像"与在你附近冬眠醒来的主儿同巢"，因为你的姐妹往往就在你醒来的附近冬眠。再譬如像"与长得和你很像的主儿同巢"，因为每个物种都有确定的特征，例如理查德·道金斯说的"绿胡子"标签。他在《自私的基因》一书中指出，这种独一无二的特征是"基因在众多其他个体中'辨认'自己副本的一种途径"。

我有一个同姓的朋友。我想借此说明的是，这个姓是我们可能有亲缘关系的一个标志，因为我的这个姓不是很常见。而且她也确实看起来有点像我（当然，我们没有绿胡子）。然而，她来自于不同的国家，除非我们去做基因测试，否则我无法确认我们之间的亲缘关系是不是比打我眼前经过的另一个路人更接近。社群性昆虫能有这种检测亲缘关系的优越权力吗？最简单的社群性动物采取的一个聪明的解决办法是，单独建巢，让你的后代成为你的员工——但如何才能让它们确信你是它们的妈妈而不是一条寄生虫，一个伪装成妈妈的闯入者呢？

大约 20 年前，化学家将社会生物学家邀请到了化学实验室。于是有关社群性昆虫如何识别亲缘关系的机制研究开始有了一些进展。香水和化妆品，什么手段都使上了。昆虫表皮上的碳氢化合物使个体能够辨认伙伴。科学家们将其他蜂巢的香味涂抹在黄蜂身上来察看同伴的反应，结果同伴表现得异常恐惧，就像面对一个入侵者。但是化学物质也并非万无一失。寄生蜂就没有什么气味，这使它们可以悄无声息地入侵宿主的巢。随着时间的推移，寄生蜂获得了宿主巢的气味，于是巢内的工蜂开始为入侵者工作，因为它们无法区分谁是真正的伙伴。其他科学家则将胡蜂的脸上打上眼线和口红，这样也能切实搞乱黄蜂的识别系统。

那不等于说昆虫识别亲缘关系是靠气味和长相，而不是靠与生俱来的平衡亲疏指数的天赋？科学家们能确定的是，社群性昆虫确实可以从非同巢同类中识别出同巢的伙伴来，正如你知道谁是你的朋友和邻居。但是社群性昆虫可能不像我们想象的那么非凡超绝，可以为巢内的每个个体或成虫标上亲缘指数。有人认为，某些高度进化的物种，如某种蚁类，可以做到这一点，但这方面还缺少确定性的实验证据。当然，即使是最聪明的昆虫也会犯错误，但我们不打算过多地讨论这方面内容了。人们发现，蜜蜂、大黄蜂、黄蜂（vespine wasps）和胡蜂（polistine wasps）经常会在"错误的"蜂巢里工作。事实上，我们观察得越多，就越是会发现这些"错误"。让我们帮汉密尔顿一个忙，看看蜂箱外的情形，这样你对这些"错误"会有新的（近亲选择）的解释。

困境3：何时成为社群中的一员

我们的英格兰蜜蜂有理由抱怨英格兰糟糕的天气。毕竟，是天气影响了它对群居还是独居的选择。对它来说，选择群居还是独居的决定必须在开春的时候就做出。它的法则也许是这样的："如果到4月中旬气温还不到10℃，最好是选择单过，因为面临的将是一个寒冷短暂的繁殖季节，没时间孵化两窝。"如果确有这样一个法则，它怎么会经常被打破呢？难道处于英国南部温暖季节的孤独雌蜂总犯错误？

我在巴拿马做了很多这方面的研究，在那里我享受着一种均衡的、不太忙碌的生活。那些生命短暂、难见阳光的英国蜜蜂真该在巴拿马好好过个假期：它可以轻松下来，自由自在地生活。打一开始它就可以自己单过。当它开始产下第一窝卵后，它可以决定是否要把它们踢出去，仍保持单过；或选择过群居生活，把它们全留下来；或终于厌倦了孤独打算与沾亲的邻居共同生活。亚热带蜜蜂与温带纬度蜜蜂不同，她们的生活终其一生都具有可塑性，因此她们可以随季节环境变化采取不同的生活方式。也许只有在温带地区才存在永久性的形态级别演化。

我们需要知道如果蜜蜂作出了错误决定将会发生什么情形。它的灵活性如何，在许多简单的蜂群里，蜜蜂和黄蜂都可以从工蜂变为蜂后。就是说，对雌蜂来说，不论是在自己家的巢里还是在邻居的巢里，作为工蜂只是一种暂时性的选择，它们在等待一个更好的选择。我们的蜜蜂联盟会解体吗？它会被裁减下来去过一种孤独的生活吗？对于具有高可塑性的雌蜂来说，跳槽到附近的一个阳光更加充沛的巢里去生殖是一个可行的选择。

那么在哪个关键环节上社会性昆虫失去这种可塑性了呢？对有些种类来说，是寿命限制了这种品种的可塑性。难道这个原因就一定导致演化上的永久等级制？生态学因素会不会也是一种制约因素呢？现在看来，还没有发现一种单独占用的蜂巢。如果我们能够从基因方面、环境和生态等方面找到控制蜂群等级行为的原因，并在蜜蜂失去可塑性时确实观察到这些作用，那么就能够拨开这团迷雾。

最终水平上的社群性进化

经过对像蜜蜂和蚂蚁这样的高度进化、复杂的社群性昆虫社会的几十年的观察，我们实际上对这种社群性的起源已经知道很多。关于蜜蜂是如何获得社群性的，它们何时以及为什么会这么做，它们是如何处理汉密尔顿法则所说的亲疏关系的等问题，我们多少知道一些相关的机制。现在重点要解决的是这种社群性的起源问题，并为它确立坚实的基础。

　　无论喜欢与否，眼下生物学家都急急地奔向各种"组学（-omics）"的前沿：基因组学、蛋白质组学、基因转录组描述（这些学科分别研究基因、蛋白质和各种基因的表达）。好像什么都可以构成"组学"：metabolomics，interactomics，连"Sociomics"——一种研究基因和分子是如何构成社会系统的学问——都出现了（见http://omics.org）。太好了！基因组巨人已在生物学领域显身，它剥去了自然世界那种古典的优雅，将它还原为赤裸裸的基因组，使那些久藏的奥秘被揭露出来，原来它是那么脆弱。通过窥视蜜蜂的基因组，我们可以找出社群性昆虫的祖先。通过检查在蜜蜂生命周期的不同阶段里"孤独的"与"社会的"基因是如何表达的，我们可能最终会逐渐发现这些祖先到底是锁定在某个孤立世界里隐秘的社会活动家呢，还是很不愿意参与社会活动的隐士。也许它们两者皆不是，也许它们已演化得相当灵活，可以按环境条件采取具体的生活方式。如果我们能够解决这个问题，那么我们确实寻找到了社群性昆虫的祖先，实现了最终突破。

　　借助于基因组巨人及其在诸如果蝇、线虫以及最近的蜜蜂等模型生物体方面的工作，我们可以通过研究基因来理解昆虫社群性的起源，这使我们的认识提升到一个全新的水平。不仅如此，现在我们可以对过去想都不敢想的一些新问题进行讨论。例如，昆虫在向社群生活过渡时其基因组是如何变化的？是不是某些基因被复制、改组并发生突变？如果是这样，那是哪些基因呢？哪种"孤独"基因可能会丢失？新的"社会"基因能演化出全新的功能吗？在社群性刚出现的时候，基因的可塑性是如何被刚性、可靠性和持久性所取代的？

　　我希望现在我已经让你相信社群性昆虫是非常丰富和好玩的，我们才刚开始了解它们的起源。如果真要将它们的生活与我们的生活进行类比的话，可以说，经过8000万年的演变，社群性昆虫无疑是聪明和神奇的。如果要自我遴选动物王国的领袖，我们只有谦卑地站在社群性昆虫面前的份儿。

　　本文开始时我将昆虫社会与人类社会做了平行比较，这表明我们可以从它们那里学到很多东西，劳动群体成员之间的明确分工就是一个明证。从某些方面来看，我们并不是最好的学生，例如：像当今许多富于进取的人类社区里的妇女一样，我力图做到生育（我的"蜂后"的一面）、工作（在科学世界里打食）两不误。人类最好吸取来自社会昆虫的经验（毕竟人家比我们早了几百万年），将劳动分工迅速由性别决定转移到由技能决定上来。当然这完全是另一篇文章了。

第 17 章
人类的灭绝和进化

◎ 卡捷琳娜·哈尔瓦蒂

卡捷琳娜·哈尔瓦蒂（Katerina Harvati）

古人类学家，专业方向是尼安德特人的演化和现代人类的起源。她的研究兴趣包括演化理论、形态变异与遗传、环境等因素之间的关系，以及灵长类和人类生活史的演化。她主要在非洲和欧洲包括她的祖国希腊进行实地考察研究。

哈尔瓦蒂曾在哥伦比亚大学、纽约城市大学和美国自然历史博物馆从事研究。在2004年加入马克斯·普朗克演化人类学研究所之前，她是纽约大学人类学系的助理教授。她还是纽约城市大学研究生院人类学副教授。哈尔瓦蒂和她的同事对南非东开普省发现的晚更新世人类头骨的研究曾被《时代》杂志评选为2007年度十大科学发现之一，她们的研究提供了"现代人类是在65 000年前到25 000年前之间离开非洲的首次化石证据"。[1]

这在描写灭绝的文学作品里几乎是陈词滥调：查尔斯·达尔文和那些最突出的进化论思想家没有太多地注意到灭绝其实是进化的重要力量。想到地球上曾存在过的物种绝大多数已不再与我们同在，这不免有点令人惊奇。对灭绝过程进行认真研究只是在过去几十年里的

---

1. F. E. Grine, R. M. Bailey, K. Harvati, et al., "Late Pleistocene Human Skull from Hofmeyr, South Africa, and Modern Human Origins," *Science* **315**, no. 5809（2007）: 226–229.

事情 —— 人类现在对地球的影响已变得十分明显，我们正面临着生物多样性的危机。

今天，即使是粗略地瞄一眼 2008 年世界自然保护联盟列出的濒危物种红色警示名单（http : //www. iucnredlist. org），就能深切地感受到当前物种灭绝的危机以及它对我们自身的生存前景的影响有多么严重！如果我们检查一下化石记录，这种印象会进一步得到强化。在通常随时随地发生的零星灭绝事件"背景"下，生命演化史上曾发生过数次大规模的灭绝事件。有些事件曾严重到使当时全部生物种群的一半以上遭到毁灭，导致地球的生物群落完全重建。这些事件中最广为人知的（尽管它未必是最严重的）也许要数 K/T（白垩纪/第三纪）事件了 —— 大约在 6500 万年前，恐龙灭绝了，随之而来的是哺乳动物的繁衍和进化。

虽然在我们这个物种的生命周期里没有发生过如此激烈的大规模灭绝事件（也许只是到现在为止），但物种灭绝对于我们的进化却十分重要。这一点从人类化石记录中两个相当明确的灭绝事件就可以看出：一个是约 100 万年前傍人属（Paranthropus）的灭绝，另一个是 3 万年前尼安德特人的灭绝。这两次灭绝在人类进化史上都具有重要的标志性意义。

生物种群为什么会灭绝？

这个问题的答案似乎是显然的，几乎不值得考虑，但事实是，我们确实不知道。灭绝的原因相当复杂，并没有得到充分认识。在目前状况下，人类活动的直接或间接影响不仅是一个重要因素，而且其重要性已远远超过以往任何时候。人权机构的一些研究者声称，在最近的化石记录的数起灭绝事例中，最突出的要数约5万年前澳大利亚巨型动物的灭绝和1.1万年前的美洲巨型动物的灭绝。这里除了智人（Homo sapiens）的出现在时间上相距较近之外，引起物种灭绝一定还有其他重要因素。更重要的是，这些因素导致了整个地区的动植物的消失。

关于物种灭绝的原因主要有两种观点。第一种观点（达尔文所青睐）看重生物间的竞争，被灭绝的物种与生存下来的物种之间往往有密切的亲缘关系。由于自然选择产生出优良品种，新物种最常见的是改善了它们祖先的版本。当两个有亲缘关系的物种发生接触时（由于大陆板块重新合拢的缘故，原先彼此隔绝的具有亲缘关系的物种又出现融合），一般总是子代在竞争中胜出，从而导致旧物种的灭绝。这种观点导致了竞争排斥原则的确立，它对于解释如下情形是成立的：在一个地区内，具有相同生态要求的两个物种不可能长期共存，其中一个最终会导致另一个的灭绝。其原因可能是胜者内在地就具有更有效利用资源的优势，或者即便没有竞争优势，但它有更大的初始种群。虽然我们经常谈及竞争就想到侵略，但每当出现两个物种都需要从环境中获取同样的有限资源（譬如食物和栖息地）的情形时，这一法则就会起作用。入侵物种的行为只是极端的例子，这类入侵可以从化石记录中知晓——例如，当大约350万年前南北美洲大陆在巴拿马地峡合并时，就发生过北美生物群向南美迁移的事例。这次迁移被称为美洲生物大交流，这一过程导致大部分南美本地的动物灭绝，取而代之的是从北方侵入的物种。人类作为外来物种的侵入，也同样引起本地动物群的灭绝。

　　物种灭绝的另一种常见的解释是环境变化，通常是指气候变化。这种观点认为，物种灭绝是一种带有偶然性的事件，一个物种被灭绝不是因为这个物种的生存能力较差，而是因为运气较差。从某种意义上说，它出现在了错误的地点和错误的时间段。这种解释将原因归咎于火山活动增加、海平面变化、大陆板块的位置移动以及地球轨道参数的变化等，所有这些都可能引发气候变化或栖息地的丧失。这样的地质事件在地球历史上层出不穷，因此可以很好地解释背景灭绝的发生——但由于这些事件发生的频率很低，而且往往具有相当长时间的渐进性质，因此它们不能完全令人满意地解释物种大规模灭绝的原因。有人认为，即使是单个物种濒临灭绝，那种突然出现的、灾难性的变化也是必不可少的条件。因为环境变化必定极为罕见，以至于在物种进化史上是不可预测的，而这类事件又是如此突然，使得物种没有时间通过自然选择行为来避免灭绝。这种环境灾难的极端表现当属极为罕见的小行星或彗星撞击地球引发的自然灾害。人们强烈认为，白垩纪第三纪期间的大规模物种灭绝就是由此引起的，化石记录下的其他类似的大规模灭绝也可能与此有关，虽然这种说明可能会受到由于沉积物保存的化石质量欠佳的影响。

　　并非所有物种都同样容易地被灭绝，无论起因是竞争还是环境变化。生物种群虽然不具有特定的性状来保护其免遭大灭绝，但有些特征还是能够在不太严峻的环境下提供一定程度的保护。大范围的地理分布就是一种有利因素，因为数量庞大，高度分散，使物种进化出具有忍耐和广泛利用环境的能力。而身体过于庞大、妊娠期和成熟期过长则加剧了物种的脆弱性。孕期和成熟期的长短往往是相互关联的，主要由狭窄的适应性条件决定。也许不利因素里最重要的是物种在数量上过小。岛生物种特别容易迅速灭绝，正是这个原因。

不是所有的人类化石都是我们的祖先

这一观点——人作为一个物种可能会灭绝——还没有被广泛接受，并且仍然面临着来自古人类学界的重重阻力。与这一观点结伴产生的一种认识是：过去可能同时存活着两个（或更多个）人类类群。这种情形与我们的经验非常不同，我们的经验是建立在这样一种当前认识基础上的：智人是一个独一无二的、广泛分布并且体貌特征随地理环境不同而不同的物种。在20世纪50年代，进化论思想家曾以目前条件为准则提出了单种假说。这一假说是将竞争排斥法则运用于人类（化石记录下的人类种群）发展而来的。它假定，人类祖先一经发展到使用工具和有了文化，这两者就成了他们适应生存的独门绝技，使他们能够广泛利用环境来扩大生存空间。由于文化是人类特有的适应手段，因此根据竞争排斥法则，同一地域同一时间上不可能并存两个有文化的人类群。此外，由于文化具有提高人耐受环境压力、适应地理差异的作用，因此就物种生成而言，人类世系的长期隔绝几乎注定是不可能的。

这种假说几乎可以毋庸置疑地运用于说明离现在最近的更新世的化石记录，也可以延伸到说明较早时期的南方古猿。它消除了人类世系的产生和灭绝的问题。既然可以假定一定时间段内只存在一种人类，你可以进一步假设它不可能已经灭绝（至少在终端，即种系的

意义上是如此 —— 也就是说, 没有演变为新的物种), 因为我们在这里! 这种处理问题的方法将化石人类置于一种特殊的情境下, 从根本上移除了它在自然世界里的位置, 直截了当地把它置于我们所谓的现代人类的保护伞下。

自从单种假说提出以来, 古人类学已经走过了漫长的道路。这一领域的进展日益指向人类进化的丛林模式, 就是说, 多分支人科物种或许符合我们的传承准则。现在很清楚, 人类 (无论是化石人类还是当前的人类) 并不能免除生物力量的制约, 灭绝只是早晚的事。

傍人属案例

按照人类化石的记录, 傍人属 (有时也被称为南方古猿粗壮种) 大约出现在 270 万年前的东非和南非。虽然它像我们一样有双足, 但其大脑与猿类没有两样。其头部形态与它具有功能强大的咀嚼器官有关: 外倾的颧骨, 几乎凹下去的面部, 颅顶的矢状脊, 大的颊齿和下巴。这种极端的形态显示出, 傍人属的食谱非常单一, 因此在解剖学上不属于更古老的南方古猿群类的变种, 这对于人类进化早期的单种假说是个决定性的打击。

傍人属的颅骨形态差异是如此之大, 为此将它们单列为一个独立的属, 它包括 3 个种, 所有这 3 种都与晚期的人科物种相差甚远, 我们很难将后者看作是从前者演化来的。虽然化石记录带有一定的不确定性且断代上并非总是正确无误, 但从傍人属的最晚近的标本我们大致可以断定, 它们出现在距今约 100 万年前。傍人属的灭绝已无可争议，问题是这种灭绝是什么原因造成的？是什么力量造成了这个属的早期分化？

傍人属的起源大致与我们自己这个属的早期代表——人属——的出现处于同一时期，在这一时期，非洲已出现早期石器，气候变化使得土地变得越来越干旱。人们普遍认为，这一气候变化使得南方古猿演化出两个支脉：傍人属和人属。直到最近，人们一致认为，傍人属通过进化出强健的咀嚼器官适应了新环境，而人属则遵循不同的路线，通过发展石器工具技术（因此文化在这里起着作用）扩展了生存的适应性。因为只有这两个属之一的人属掌握了石器工具技术，这两个人科动物共存才并不违反排斥法则。这个方案预设了人属是早期工具的唯一制造者，但这一假设受到了质疑。傍人属也拥有制造工具所必需的灵巧性，并被认为制造过用白蚁捕鱼活动所需的骨制工具。

也许正因为狭窄的生态适应性——就食性而言——才容许傍人属与食物结构宽泛得多的早期人属共存。由于食谱单一的物种比广谱食性物种更容易灭绝，加上100万年前冰期的频繁循环，因此食谱单一性可以解释傍人属的消亡。然而，有最新证据暗示，尽管傍人属有着令人印象深刻的咀嚼器官，但无论是在食物结构上还是在栖息地偏好方面，它绝不比早期人属更单一化。事实上，在某些抗打击能力方面，傍人属的得分要更高些：它是迄今为止化石记录中这一时期最丰富的物种群类，这表明当时傍人属具有广大的种群数量。其种属之一的南方古猿鲍氏种（P. boisei）是最长寿的，因此也是进化上最成功的人科物种之一，其存在的时间跨度超过100万年。

导致傍人属灭绝的原因尚不清楚。这些原因可能包括环境的剧烈变化或与另一类群——很可能是智人——的竞争。但可以肯定的是，大约在100万年前，傍人属在化石记录上消失了，只留下早期智人作为我们传承的唯一代表。

亲缘种

与傍人属不同，尼安德特人与我们十分相近，属于体型大、脑容量大的人科，并具有复杂而记录完好的文化行为。他们生活在距今大约3万年前的冰河时代的欧洲。像我们一样，他们是猎人和肉食动物，用火，并埋葬死者。但是他们也有明显区别：在用以比较灵长类动物的框架内，尼安德特人的头盖骨与现代人类的头盖骨之间的解剖学差异要比两种黑猩猩之间的差异大。现在普遍认为，尼安德特人是一个独特的物种。大约在50万年前，他们从我们的共同祖先那里分叉出去，并从非洲迁徙到欧洲，变得与世隔绝。地理上的隔绝可能是造成两个人类物种同时进化的原因。虽然50万年是一段相当漫长的时间，但从进化的角度看则还很短暂。尼安德特人是我们最亲近的亲戚，它与我们的亲缘关系要比与黑猩猩的关系亲近得多。他们是我们的姊妹种。

大约在3万年前，尼安德特人从化石记录中消失了，没有留下后代，现代人类的基因库中也找不到它的痕迹。现代人（智人）大约在4万年前到达了欧洲，几千年后尼安德特人就灭绝了。因此，显而易见的问题是：尼安德特人的消失能像很多其他物种的灭绝那样归咎于环境变化吗，还是智人的到来（带来的某种暴力）使然？

这里，突发性的、灾难性的气候变化的情形很容易排除。在尼安德特人消失前后的这段时间里，气候变化从没有剧烈到可以造成这一物种灭绝的程度。[1] 尽管如此，气候的剧烈不稳定性有可能引起尼安德特人的人口数量逐渐减少。但是仅靠气候的压力似乎不足以给出令人满意的解释，毕竟，尼安德特人在欧洲是进化了的，并成功抵御过以前的剧烈的气候变化。

但气候压力可能是导致尼安德特人与入侵的近亲物种发生激烈竞争的原因。我们能找到这种竞争的记录吗？没有任何证据表明智人与尼安德特人之间发生过侵略性的相互作用 —— 但竞争要比侵略更经常地发生。现代人捕猎的对象与尼安德特人的一样，都是大型草食动物。如果这种食物资源有太多的重叠，竞争排斥法则可能就会起作用。经过足够长的时间，两者之一就可能驱使对方走向灭绝，即使这种情形出现在大如西方欧亚大陆板块亦不可幸免。

即便如此，尼安德特人也曾取得过一些对我们祖先的进化优势。他们的成熟期可能会稍快于现代人，因而繁殖周期较短。他们还具有安居的优势：经过千百年欧洲冰河时代的进化，他们在体力上能比新移民更好地适应当地的环境条件。但尼安德特人也有弱项。他们的食谱似乎过于单一，几乎只以大型食草类动物为食。重要的是，尽管生殖周期较短，但他们的人口规模似乎一直不大，他们的受伤比例和死亡率一直居高不下。

---

1. P. C. Tzedakis et al., "Placing Late Neanderthals in a Climatic Context," *Nature* **449**（2007）: 206-208.

现代人能够延续下来可能是因为他们的食物结构更灵活，他们还具有技术优势。虽然早期智人像尼安德特人一样，经常以大型哺乳动物为食，但他们也捕猎不易捕捉的小型哺乳动物、鸟类和鱼类。现代人食谱的多样化可能能够解释为什么这两个物种能够共存于同一地区长达几万年。但我们祖先的最大优势恐怕还是人口。今天我们依然独享着这一人口特征：我们的妊娠期比类人猿和早期人科动物要长，因此我们有非常长的寿命。与猿类不同，我们在两次受孕期之间的间隙时间较短：在发达国家，一个母亲可以在不到一年的时间里生下两名婴儿。即便在现今以狩猎为主的社会里，这也只要花大约 3 年时间。而黑猩猩母亲则需要每隔 6 年左右时间才能再次生产。人的这一特征与我们人类的寿命较长有关：通过让老年人，特别是妇女，来照看幼儿，使育龄妇女可以生产更多的孩子。[1] 虽然我们不知道早期现代人的妊娠间隔时间是否比尼安德特人的更短，但我们从化石记录中确实看到，早期智人中老年人的比例要比尼安德特人高得多，这意味着早期智人的人口特征与我们现代人相似。这样的人口特征有助于人口的增加，考古记录也证实了这一点。人口的这一特征还有助于我们的祖先在过去的 6 万年里散布到全世界各个地方。仅此一点就足以压垮小而稳定的尼安德特人的人口，根本无需一次性打击。

九九归一

现代人在欧洲取代了尼安德特人，可能也取代了走出非洲的智人的所有其他后裔。甚至在到达欧洲之前，我们的祖先已到达澳大利亚。

---

1. Hawks , K. , " Grandmothers and the Evolution of Human Longevity , " *American Journal of Human Biology* **15** (2003): 380–400.

几千年后，他们在美洲建立起自己的家园。这些大陆以前都不曾有过人科动物。我们的广谱食性，我们在各种恶劣环境下的生存本领，我们特有的人口特征，使得我们在短短6万年 —— 按地质年代的尺度衡量，甚至短于一次心跳 —— 的时间里产生了大量人口，并将这一种群扩散到世界的各个角落。现在我们已无处可去。我们是我们这一支脉的唯一幸存者。我们的数量超过了狮子，我们的活动已透支地球的生态系统，很可能还改变了地球的气候。其后果是使得越来越多的生物感到害怕，但它们对我们来说意味着什么呢？我们造成的新的生存条件能够维系我们的存在吗？如果我们不小心处理，我们是不是就将面临与过去的竞争对手同样的命运？有一点似乎很清楚：我们必须再一次调整我们的行为，以应付规模空前的气候变化和接近大规模灭绝的生物多样性危机的挑战。好在我们还有时间来适应。

第 18 章

◎ 加文·施密特

为什么专业化没有导致科学四分五裂？

加文·施密特（Gavin Schmidt）

美国航天局纽约戈达德空间研究所的气候学家。他的工作是模拟过去、现在和未来的气候。他于1989年在牛津大学获数学学士学位；1994年获伦敦大学学院应用数学博士学位。随后，他去蒙特利尔吉尔大学做博士后直到1996年。这之后，他获得国家海洋和大气管理局气候和全球变化博士后奖学金，来到戈达德空间研究所。

施密特曾是入选《科学美国人》杂志2004年度50位最杰出的研究者之一。他是2007年度诺贝尔和平奖联合国政府间气候变化专家小组获奖报告的作者之一。他还是RealClimate. org网站的创始人之一和特约编辑。这个网站提供了大量有关环境和气候科学问题的背景知识，这些背景知识往往为大众媒体报道所忽视。

科学家是这样一群人：他们对那些越来越没人关注的知识知道得越来越多，以至于他们通晓一切。

——约翰·齐曼

还原论大行其道。两千多年来的科学进展表明，将问题分解成越来越小的组成部分以看清复杂现象的本质是了解自然世界的一种很好的方法。然而，随着科学文献数量的成倍增加，人们也更加关注这样一个问题，那就是日益专业化已使得不同领域的科学家很难进行交流，更不用说合作了。

尽管这种情况很可怕，但跨学科科学已经成为并将继续成为一支重要的认识世界的力量。那种将还原论发挥到极致的力量正受到来自跨学科研究的有力反击。这里，我将通过展现新的专业是如何创建以及它们是如何将信息反馈到一般科学领域的过程来说明科学因素和社会因素是如何在其中起作用的。

到18世纪末，一个人想跟上所有新科学的进展已经不可能了。有人认为，物理学家、医生兼埃及学家托马斯·扬（Thomas Young，1773—1829年）是最后一位"通才"，也有人认为这份荣誉应属于考古学家、数学家、生物学家、物理学家、火山地质学家兼埃及学家阿塔纳斯·珂雪（Athanasius Kircher，1602—1680年）。其实谁是最后一位全能型博学者并不重要——或者说，如果这样的人确实存在过的话。但是，随着19世纪初科学期刊的兴起，科学家开始抱怨研究的分岔并对跨学科研究机会的日渐减少表示出强烈的不满。人们指责越来越专业化已成为几乎所有科学领域的通病。这一点从出席1900年美国科学促进协会波士顿会议的人数的减少到1959年斯诺在他著名的瑞德讲座《两种文化》[1]中所讨论的人文与科学的隔阂问题上，都有反映。

---

1. 1959年5月7日，C. P. 斯诺在剑桥大学瑞德讲座"两种文化与科学革命"中，将学术分为两种文化——"人文知识分子"文化和自然科学家文化。他这样来刻画两种文化之间的隔阂："非科学家对科学家有一种根深蒂固的印象，认为科学家都是肤浅的乐观主义者，对人的状况漠不关心……而科学家们则认为，人文知识分子完全缺乏远见……"斯诺的这个演讲产生的广泛影响甚至一直延续到今天。演讲稿《两种文化》（剑桥大学出版社出版）自1959年第一版出版以来，到2007年已经10次重印。——译注

虽然科学并没有分裂为相互间不和谐的杂拌儿，但确实存在将科学景观割裂开来的各种力量。这些力量有些是自然的，不可避免的，而且值得赞赏；有些则是体制上的，可以避免的，并应该受到谴责，而且事实上也存在着打破任何僵化分类的强烈冲动。下面我用离心力这个词来形容那种使科学分支越来越分化的力量，用向心力一词来形容反抗这种分化的力量。

我们可以将科学活动看作是一个在离心力和向心力共同作用下推动其前行的动态系统。我的这一观察来自我自己在地球科学方面的经验 —— 具体而言，是气候和气候变化研究方面的经验。对这一广泛领域做一简要概述可能有助于后面的讨论。

地球的气候系统由地球大气、海洋、陆地和冰川组成：它们的动力学、化学和结构以无数种方式混合构成了"气候"，即日常意义上的"平均天气"。科学家采用各种不同方式来研究这个系统：直接观察热带太平洋的变化（譬如厄尔尼诺事件），分析卫星测得的海平面变化的数据，测量南极冰盖下80万年前形成的空洞的气体浓度，并为此开发出各种复杂的大气环流计算模型，不一而足。

所有这些努力要回答的基本问题是相似的：气候为什么会是这样？过去它是怎样变化的？现在有什么变化？将来又会如何变化？为什么会这么变化？等等。但研究的时间尺度、采用的方法以及得出的答案则是千差万别。由于所有气候科学家研究的是同一件事情，因此尽管搞模型的、搞气象的和搞冰核的专家提出问题时采用的概念不同，但得到的答案应该类似。因此，考察跨学科科学在气候变化研究领域如何进行是观察向心力和离心力如何实际影响科学的一个好方法。

为什么各专业领域会离得越来越远

就像胆固醇，离心力也有好有坏。好的离心力源自无懈可击的还原论动机：需要尽可能减少造成臭氧层耗竭的化学反应，需要明确阐明海冰热力学的具体细节，需要改进大气辐射传输模型。这其中的每一项工作都需要全力投入，需要具体的各不相同的实验室技术、实地观察技术或复杂的数学知识。对这些研究者来说，没有任何特别的理由非要将这些问题放在一起讨论。实际上，对他们每天面对的问题、任务和解决方案感兴趣的主要是他们的同事。坏的离心力则来自我们人类的弱点：专业意识、惰性、官僚主义以及可以理解的职业安全的愿望。

新的专业领域常常孕育出新的工具或技术，这些新技术已经产生出有趣的结果。其他科学家会接着进行深入研究。如果这种工具或技术显示出强大的生命力，那么用不了多久学界就会组织会议来专门研究这些成果，以此为目标的攻读博士学位的项目也会很快设立，教授职位和专业期刊也将随之而来。随着这种发展变化的出现，人们还会创造出新的术语，并将新领域中的这种成功变成样板。这样的例子不胜枚举：PCR（聚合酶链式反应）带来了DNA指纹技术、基因测序技术和人类基因组计划；计算机硬件的发展带来了预测天气的数学模型；卫星应用开辟了遥感领域；欧洲核子研究中心（CERN）的超级对撞机则为高能物理研究带来了全新面貌。这些是好的方面。

最近的一个例子是在地球科学基础上诞生出的古海洋学分支 —— 一门研究海洋过去的变化的科学，这门学科的研究内容涵盖了关于过去一亿年间海洋环流、海洋化学以及生物学等方面的变化。导致这一研究领域出现创新的是深海钻探技术的发展，它使科学家几乎能够从海底任何地方提取古海洋淤泥样品。使这一技术成为新学科研究手段的科学突破是 20 世纪 60 年代的一项发现：地球化学示踪设备在海底泥面薄壳采得的时间序列显示，冰期呈现周期性盈亏现象 —— 而且这种现象已持续了数百万年。人们从每一海盆测得的关联数据的分析中得出结论（当然还借助了其他一些证据）：冰期的周期性起因于地球轨道的可预见的摆动。

正如所料，新的技术词汇出现了 —— 轨道调整、有孔虫传递函数、烯酮测温、方解石溶解指数、钍校正沉积速率等。更微妙的是，新学科借鉴了其他学科的许多词汇并赋予其新的含义："高分辨率"在这里指的是沉积速率大到足以分辨出十年或一个世纪的气候变化，这个定义与物理海洋学、天文学或微生物学中使用的定义有很大的不同；深海的"通风"也与空气流动无甚关系，而是指深层海水与表层海水混合的各种行为。

对新技术的使用者来说，从现有学科领域拿来各种术语和概念用以说明研究了几十年的系统是非常有意义的。但由于用新技术看到的东西不一定是这个概念原有意义下的东西，因此同一个概念在应用到略微不同的现象上时其原有的意义已告终止。这让我想起印度的盲人摸象的寓言 —— 不同的人摸到不同部位后就认为大象像绳子或像墙壁或像长矛等。虽然这个寓言反过来形容也许更合适：不能仅仅因为摸到了绳子，于是就认为这是一头大象。

正是在这个地方人们开始看到了使得科学分支相互隔离的不科学的因素。一个很好的例子是横跨热带太平洋的海水温度梯度的变化。按现代的观察，这些变化都与厄尔尼诺事件有关，所谓厄尔尼诺是指西太平洋暖流向秘鲁沿岸的动态漂移。对历史上海水温度梯度变化的观察也都伴有类似的活动，但这种"古厄尔尼诺现象"却未必能得到现代海洋学家的认同。套用温斯顿·丘吉尔的话就是，专家会因为日常语言而变得疏离。

另一个社会因素是，随着科学成果的积累，会出现一种特定的亚文化和一整套如何在新领域获得成功的模式。年长的上一代人总想按自己已有的模式来录用和提拔接班人，但年轻的一代则想超越前辈。在这两种情形下，都会遵循一种以争取业内同行一致好评的工作模式。在古海洋学领域，这种模式是由40年前开始进入这一领域的一批数据生成地质化学家建立起来的。他们的声誉是基于他们扎实的数据分析能力——他们具有将海洋上不同地点采得的数据联系起来的独门（或近乎独门的）功夫。海洋钻探取得的岩芯必须能提供特定地点的时间序列，问题是难在对这些岩样进行细节比较，因为采得岩样的深度与年代对应上存在着很大的不确定性。这样，为特定岩芯发展出一套"年代判断模型"往往就成为适当归置新数据工作中最具挑战性的部分。因此在这一领域，发表的论文绝大部分讨论的是特定地点采得的岩样的明显变化，而不是更难评估的某个时间段上岩样的地域变化规律。对于有抱负的年轻人来说，古海洋学的研究路径是明确的：寻求海洋钻井公司的支持，购置高精度测量设备。这些设备通常是一些质谱仪，耗资大约100万美元，而且往往成为聘用新教师谈判的一部分。这些设备也带来了责任：为技术人员提供资金支持，拿到有趣的岩样，以证明本实验室的这些钱没白花。

因此，年轻的研究人员被锁定在该领域主流的工作模式上。他想在职业生涯里从事不同类型的科学工作是困难的。具体到古海洋学领域，当前研究的热点是海洋芯部岩样的垂直比较，重点在如何收集和分析样本，可你偏对岩样的横向比较（即不同地点同一深度上的岩样变化 —— 译注）感兴趣，这就有问题，因为横向比较所需的信息分布得极其广泛。通常人们不鼓励这种跨学科的努力，因为对于气候变化的地理模式这种"横向"问题来说，更广泛的气候学领域的研究更有效。

总之，一个学科分支一旦建立起来后，其必要的和特有的专业性便会对跨学科研究形成一种障碍：各种专业词汇使得该学科外的大多数人不知所云，从其他学科借鉴来并赋予了新内涵的术语会在对外交流时引起微妙的误解。专业期刊、各种会议、新成立的院系、对新设备的投资和宣传会接踵而来，这些举措加深了对新方法的应用。所有这一切会形成一种孤立的亚文化，其交流将越来越远离更广泛的科学领域。从业人员做的都谈不上错，但是，正像经济学里的"公用品悲剧"那样，单个理性人的决定的集体效应会导致一种学科整体所不希望的结果。这一结果反过来又可能导致外部世界不能正确鉴赏其成功经验，并导致其研究经费的削减；从内部来说，则是感到一种缺乏"认同"的挫折感。

迈向综合的途径

为了了解科学整合工作的向心力作用，我们不妨从某个相关领域的视角来观察一个学科。该领域的研究人员是如何发现本领域的新成果的呢？他们如何看待这些成果呢？促使他们从事这一工作的更深层次的动机是什么？

新的科学发现的传播主要有三种途径：科普活动、"全权大使"和技术文献的出版。对于第一条途径，说来你可能会吃惊，譬如许多气候科学家都读过詹姆斯·格雷克的畅销书《混沌》而不是爱德华·洛伦兹关于这个问题的原始文献。至于我自己在科普方面的尝试，很多同事对我说，他们发现我关于一些重要细节问题的非专业描述非常有用，这令我感到很诧异。

第二个途径是指具有某一个学科专业背景的科学家愿意花大量时间向更广阔领域的科学家介绍本学科的成果。这些科学家往往是些愿意跨学科交流的人，他们强烈提倡各领域间的合作，因为他们能够在不同领域间进行有效的沟通。但这样的人现在是越来越少了。

至于专业文献，科学家和普通市民没两样，通常认为不可能读懂（更不用说判断其价值了）不同领域的最新论文。他们关注的文献大致可分为三大类：首先是那些出于内在兴趣而关注的真正的大问题研究——例如，路易斯和沃尔特·阿尔瓦雷斯于1980年写的关于白垩纪晚期小行星活动对白垩纪结束的影响的论文，或凯特·斯彭斯于2000年发表的关于用地球轨道进动和经验法则来判断古埃及正北因而与金字塔建造时间无关的研究等。然而，尽管这些论文具有标志性意义，但却不一定是多方合作的结果。

受关注的第二类文献是原创性的具有更广泛意义的专业论文。例如，那些报告马萨诸塞州以往飓风登陆的文章，或关于6000年前厄尔尼诺事件的文章，或人在上个冰期结束时大型哺乳动物灭绝过程中的作用的文章等。这些研究可能与现今的某一次飓风，或某一次厄尔尼诺现象，或某种生物的灭绝有一定关联，但直接关系通常很小。这些研究的定域性从更大范围来看往往不具有代表性，时间段或时间分辨也可能过于狭窄，取得数据的环境条件可能过于复杂或不够清楚。有时，用语上存在的如前述的细微差别还可能导致沟通上有问题。这类研究通常只是偶尔带来成功的学科间互动——例如，当我们用更标准的历史信息对古记录进行整理时，发现它们确实与其他数据存在衔接。

第三类也是最重要的一类文献是综合性文献——将许多个别研究得出的精髓进行归纳和汇总的研究。（毫不奇怪，最好的大使往往也是最好的综合者。）这些综合研究属于界间研究（metastudies），我们在流行病学研究中，在对特定的以往的气候数据进行"横向"重构以便将许多离散的记录关联起来的研究中，都可以看到这类文献。通常，这种综合涉及各种数值模型，譬如气象预报就需要用模型将不同类型的天气数据统一起来，以便得出对大气层状态的协调一致的估计。大范围天气变动模型的发展本身就是综合研究的一个重要例证，它汇集了计算科学、大气科学、海洋学和冰雪圈研究专家的各种成果。

好的综合性论文往往为大量的跨学科研究提供了一个方便的跳板。这对于古气候合成研究可谓千真万确。例如，通过绘制上一个冰期高峰期的温度和冰盖的分布图，我们可以将从格陵兰岛和南极洲的冰核记录连接起来，并重构最近几个世纪的气候演变模式。这些文献带动了更大范围的建模工作，以期理解这些模式，它们鼓励人们去探索互补的研究途径。这些文献通常可以在更广阔的群体中显著提高一个学科领域的形象和重要性，这对于获得更多的进一步研究所需的资源以及人们对该领域工作重要性的评价都非常关键。

对科学研究的向心力的探索大致相当于问这种综合为什么会发生和它是怎样发生的。当众多零星的数据或物理过程积累到足够多，使人们很难跟踪的时候，就会出现对综合的需求。大致上说，综合研究关注的是厘清头绪。不同的科学家对这种综合分析的态度差异极大（毕竟，有些东西在一个人看来是噪声，但在另一个人看来则是信号），这种差异在选择从事综合研究项目的人当中也有反映。

综合研究既可以从底层（即领域内）做起，也可以从高端（即在局外人或机构目标的驱使下）至上而下地进行。对最近一期冰期气候变化的估计研究属于自下而上型，由从事古气候科学家团体提出。相反，在海洋学领域，人们经常引用的《世界海洋温度和盐度图集》则是由国家海洋学数据中心的科学家将数以百万计的单个数据点编制起来完成的，而不是由哪一位物理海洋学家自己收集数据就可以完成的。事实上，外部需求是很常见的驱动力。它可以来自建模者的需要，建模需要有综合数据用来与仿真结果或来自其他机构（譬如政府间气候变化专门委员会或国家科研部门）的评估结果进行比较。

尽管这种综合研究具有广泛的影响，对由此产生的学科更是影响深远，但来自领域内的反应则几乎全是批评性的，有时甚至是敌视的。人们常常断言（倒也不是毫无道理），综合研究结果让人根本无法接受，因为其中有太多的未知因素和太多的混淆视听的因素。还有人抱怨说，搞综合研究的人都是些自己不花力气尽享用别人辛勤采集数据成果的人。而对于综合成果的外界要求，人们则往往抱怨说很多细节被忽略了，这将特别是在公众中导致误解。

有一点可以理解，尽管综合性成果往往难产，但这些成果都经过严格审核，主要是在良好的科学效果方面。例如，建模者第一次给出的冰期海洋冷却的热带范围估计就与陆基温度估计不一致，由此导致了长达数十年的对所采用方法的重新评估，并最终产生新的自下而上的综合。

具有讽刺意味的是，一些获得领域外认可的工作往往在领域内遭到抵制，对综合研究的进一步支持往往很难成为主流。正是在这里向心力面临着最明显的离心力的抵抗，这既可能是好事也可能不是。这值得我们花时间来综合吗？应当说，尽管没有它，我们一样可以在某个领域取得令人印象深刻的进展，新见解一样可以继续涌现出来，但外部评价则可能滞后，由此将引起越来越严重的来自内部的挫折，这种挫折可以成为向心力，促使科学家们合作，以分享他们的发现。而分享成果的主要机制就是综合，这种综合越容易做到，就会形成越多的跨学科科学。

这一过程可以加快或得到鼓励吗？我认为可以。当人们认清了阻碍综合和沟通的离心力后，就会想出专门的办法来对付它们。例如，资助者可以拨出专款用于综合研究，使这些项目不与技术研究争经费；只要心里想着综合目标，数据的获取就会变得较容易；还有就是应强调外部对本想研究工作的兴趣能给本学科带来的益处。

从根本上讲，跨学科科学的驱动力来自于这样一种认识 —— 我们希望对所观察到的现象给予解释，我们寻求的答案不依赖于个别科学领域或具体工具和方法。这些工具和方法都是人构造出来的，它们未必就与自然力相匹配。

致谢

　　我要感谢Vintage Book出版公司的Marty Asher和Jeff Alexander，他们愿意帮忙出版这方面的书籍。我要感谢我的父亲兼经纪人约翰·布鲁克曼，是他启发我有了出版这么一本书的想法。我还要感谢Sara Lippincott，她的出色编辑使本书增色不少。